高职高专生物技术类专业系列教材

细胞工程技术

（第2版）

主　编　左伟勇　洪伟鸣

副主编　孙　燕　张海霞

参　编（排名不分先后）

王永娟　张继玲

宋　亮　崔潇婷

审　稿　马海田　朱善元

重庆大学出版社

内容提要

本书系统地介绍了细胞工程的相关理论、基本技术和应用等方面内容。全书共分为 13 个章,主要包括绪论、细胞工程实验室组成及实验基本操作技术、植物组织和细胞培养、植物原生质体培养和体细胞杂交、植物花药和花粉培养、植物胚胎培养和人工种子、植物种质资源的保存、动物细胞培养所需的基本条件、动物细胞培养技术、动物细胞融合和杂交瘤技术、细胞重组及动物克隆技术、干细胞技术及实训。本书在依循系统性的同时,兼备科学性、先进性和实用性,各章附有本章小结和思考题以便于学生自学,及时掌握有关内容。

本书可供高职高专农林院校生物工程、生物技术、动物药学、园林技术等相关专业学生使用,也可作为相关专业从业者的参考用书。

图书在版编目(CIP)数据

细胞工程技术 / 左伟勇,洪伟鸣主编. --2 版. --
重庆:重庆大学出版社,2022.7
高职高专生物技术类专业系列教材
ISBN 978-7-5624-8299-4

Ⅰ.①细… Ⅱ.①左… ②洪… Ⅲ.①细胞工程—高
等职业教育—教材 Ⅳ.①Q813

中国版本图书馆 CIP 数据核字(2022)第 117900 号

细胞工程技术

(第 2 版)

主 编 左伟勇 洪伟鸣

策划编辑:袁文华

责任编辑:袁文华 版式设计:袁文华
责任校对:王 倩 责任印制:赵 晟

*

重庆大学出版社出版发行
出版人:饶帮华
社址:重庆市沙坪坝区大学城西路 21 号
邮编:401331
电话:(023)88617190 88617185(中小学)
传真:(023)88617186 88617166
网址:http://www.cqup.com.cn
邮箱:fxk@ cqup.com.cn(营销中心)
全国新华书店经销
重庆市远大印务有限公司印刷

*

开本:787mm×1092mm 1/16 印张:12.75 字数:320 千
2022 年 7 月第 2 版 2022 年 7 月第 2 次印刷
印数:3 001—5 000
ISBN 978-7-5624-8299-4 定价:36.00 元

高职高专生物技术类专业系列教材
※ 编委会 ※

（排名不分先后）

总 主 编　王德芝

编委会委员　陈春叶　　池永红　　迟全勃　　党占平　　段鸿斌

范洪琼　　范文斌　　辜义洪　　郭立达　　郭振升

黄蓓蓓　　李春民　　梁宗余　　马长路　　秦静远

沈泽智　　王家东　　王伟青　　吴亚丽　　肖海峻

谢必武　　谢　昕　　袁　亮　　张　明　　张媛媛

郑爱泉　　周济铭　　朱晓立　　左伟勇

高职高专生物技术类专业系列教材
※ 参加编写单位 ※

（排名不分先后）

北京农业职业学院	湖北生态工程职业技术学院
重庆三峡医药高等专科学校	湖北生物科技职业学院
重庆三峡职业学院	江苏农牧科技职业学院
酒泉职业技术学院	江西生物科技职业学院
甘肃林业职业技术学院	辽宁经济职业技术学院
广东轻工职业技术学院	包头轻工职业技术学院
河北工业职业技术学院	呼和浩特职业学院
漯河职业技术学院	内蒙古医科大学
三门峡职业技术学院	山东潍坊职业学院
商丘职业技术学院	杨凌职业技术学院
信阳农林学院	宜宾职业技术学院
许昌职业技术学院	四川中医药高等专科学校
河南职业技术学院	云南农业职业技术学院
黑龙江民族职业学院	云南热带作物职业学院
湖北荆楚理工学院	

总　序

大家都知道,人类社会已经进入了知识经济的时代。在这样一个时代中,知识和技术,比以往任何时候都扮演着更加重要的角色,发挥着前所未有的作用。在产品(与服务)的研发、生产、流通、分配等任何一个环节,知识和技术都居于中心位置。

那么,在知识经济时代,生物技术前景如何呢?

有人断言,知识经济时代以如下六大类高新技术为代表和支撑。它们分别是电子信息、生物技术、新材料、新能源、海洋技术、航空航天技术。是的,生物技术正是当今六大高新技术之一,而且地位非常"显赫"。

目前,生物技术广泛地应用于医药和农业,同时在环保、食品、化工、能源等行业也有着广阔的应用前景,世界各国无不非常重视生物技术及生物产业。有人甚至认为,生物技术的发展将为人类带来"第四次产业革命";下一个或者下一批"比尔·盖茨"们,一定会出在生物产业中。

毫无夸张地讲,生物技术和生物产业正如一台强劲的发动机,引领着经济发展和社会进步。生物技术与生物产业的发展,需要大量掌握生物技术的人才。因此,生物学科已经成为我国相关院校大学生学习的重要课程,也是从事生物技术研究、产业产品开发人员应该掌握的重要知识之一。

培养优秀人才离不开优秀教师,培养优秀人才离不开优秀教材,各个院校都无比重视师资队伍和教材建设。生物学科经过多年的发展,已经形成了自身比较完善的体系。现已出版的生物系列教材品种也较丰富,基本满足了各层次各类型教学的需求。然而,客观上也存在一些不容忽视的不足,如现有教材可选范围窄,有些教材质量参差不齐,针对性不强,缺少行业岗位必需的知识技能等。

尤其是目前生物技术及其产业发展迅速,应用广泛,知识更新快,新成果、新专利急剧涌现,教材作为新知识新技术的载体应与时俱进,及时更新,才能满足行业发展和企业用人提出的现实需求。

正是在这种时代及产业背景下,为深入贯彻落实国家中长期教育改革和发展规划、推动高等农林教育综合改革等有关指示精神,重庆大学出版社结合高职高专的发展及专业教学基本要求,组织全国各地的几十所高职院校,联合编写了这套"高职高专生物技术类专业系列教材"。

从"立意"上讲,这套教材力求定位准确、涵盖广阔,编写取材精炼、深度适宜、份量适中、案例应用恰当丰富,以满足教师的科研创新、教育教学改革和专业发展的需求;注重图文并茂,深入浅出,以满足学生就业创业的能力需求;教材内容力争融入行业发展,对接工作岗位,以满足服务产业的需求。

编写一套系列教材,涉及教材种类的规划与布局、课程之间的衔接与协调、每门课程中的内容取舍、不同章节的分工与整合……其中的繁杂与辛苦,实在是"不足为外人道"。

也正是这种繁杂与辛苦,凝聚着所有编者为这套教材付出的辛勤劳动、智慧、创新和创意。教材编写团队成员遍布全国各地,结构合理、实力较强,在本学科专业领域具有较深厚的学术造诣和丰富的教学和生产实践经验。

希望这套教材能体现出时代气息及产业现状,成为一套将新理念、新成果、新技术融入其中的精品教材,让教师使用时得心应手,学生使用时明理解惑,为培养生物技术的专业人才,促进生物技术产业发展做出自己的贡献。

是为序。

全国生物技术职业教育教学指导委员会委员
信阳农林学院生物学教授
高职高专生物技术类专业系列教材总主编　　　　　　　王德芝

前言（第2版）

　　细胞工程技术是现代生物工程技术中非常具有现代性和生命力的组成部分,该课程在生物工程与生物技术人才培养中具有重要的作用,是生物工程、生物技术专业的核心课程之一,内容涵盖广泛,包括植物组织培养,植物体细胞杂交、动物细胞培养、动物细胞融合、单克隆抗体、胚胎移植等技术,交叉性强。由于该专业起步较晚,相关教材较少,在此期间,国内外细胞工程技术发展比较迅速,新理论、新技术和新工艺不断涌现,原有教材已不能满足现行专业教学的要求,迫切需要一本适合高职高专院校高素质技术技能人才培养以及行业发展的教材。

　　本书编写时以专业人才培养目标及课程教学大纲为指导,坚持以教学为主导、兼顾学科系统完整性和学生实用的原则,"够用、适用、实用",以操作技能训练为主体,侧重于实践性教学环节,重视生产基本技能与实践操作能力的培养,使学生能够了解细胞工程的基本知识和基本技术,能够正确有效地运用细胞工程技术从事相关实践工作,掌握细胞工程生产的基本技术和主要生产流程。本书既可供高职高专农林院校生物制药技术、中药制药技术、药品生物技术、园林技术等生物技术类各专业的学生使用,也可作为相关从业者的参考用书。

　　本书由江苏农牧科技职业学院左伟勇、洪伟鸣担任主编,孙燕(江苏农牧科技职业学院)、张海霞(呼和浩特职业学院)担任副主编,参加编写的有张继玲(江苏农牧科技职业学院)、崔潇婷(江苏农牧科技职业学院)、王永娟(江苏农牧科技职业学院)、宋亮(江苏农牧科技职业学院)。在编写过程中,南京农业大学马海田教授和江苏农牧科技职业学院朱善元教授以严谨的治学态度仔细审阅了书稿,提出了许多非常宝贵的指导性意见。

　　本书的出版得到了江苏农牧科技职业学院和重庆大学出版社的大力支持,此外,本书学习和引用了同行和相关专业书籍的部分资料,在此向支持本书编写的所有单位和参考文献的作者表示诚挚的感谢。

　　由于本书涉及范围较广,而且该学科发展较快,加之作者水平有限,书中难免有疏漏和不足之处,敬请读者不吝赐教,批评指正。

编　者
2022 年 6 月

目 录 CONTENTS

第1章

绪 论

▶▷ **学习目标**

- 理解细胞工程的定义。
- 了解细胞工程的发展历史、主要内容和重要应用,了解细胞工程与其他生物工程的关系。

▶▷ **能力目标**

- 细胞工程的定义与发展历史。
- 掌握细胞工程的主要内容。

　　生命科学发展异常迅猛,取得了一个又一个的瞩目成就,已成为 21 世纪发展最快的科学领域。在生命科学所取得的成就中,细胞工程所作出的贡献极为突出,新技术不断涌现,如生物反应器、克隆动物、干细胞技术等。作为生命活动的最基本单位,细胞的特殊性决定了个体的特殊性,细胞工程是在细胞学的研究基础上发展起来的,它的优势在于避免了分离、提纯、剪切、拼接等基因操作,只需将细胞遗传物质直接转移到受体细胞中就能够形成杂交细胞,因而能够提高基因的转移效率,在某种意义上讲,细胞工程是现代生物技术重要的基础和技术工具,与其他生物技术密切配合决定着生命科学技术的发展。

1.1　细胞工程的学习内容和任务

总的来说,细胞工程是应用细胞生物学和分子生物学的理论和方法,按照一定的设计方案,进行在细胞水平上的遗传操作及进行大规模的细胞和组织培养。细胞工程所涉及的范围很广,按主要技术领域来说有细胞与组织培养、细胞融合、细胞核移植、染色体操作及转基因生物等方面。以细胞工程为基础,又发展出一些新领域,如组织工程、胚胎工程和染色体工程等。通过细胞工程可以生产有用的生物产品或培养有价值的植株,并可以产生新的物种或品系,因此它是综合性的生物工程。

1.1.1　学习内容

1)动植物细胞与组织培养

细胞培养和组织培养都属于体外培养,是指从生物体内取出细胞或组织,模拟体内的生理环境,在无菌、适温和丰富的营养条件下,使离体细胞或组织生存、生长并维持结构和功能的技术。细胞与组织培养技术是细胞工程技术的最基本的技术,其他的细胞工程技术都离不开细胞或组织培养,近年来发展起来的组织工程和生物反应器就是在细胞与组织培养技术上直接发展起来的。

2)细胞融合

细胞融合又称为细胞杂交,是在自发或人工诱导下,两个或两个以上不同基因型的细胞或原生质体融合形成一个杂种细胞。细胞融合范围广,可作为一种重要手段广泛应用于细胞、遗传、免疫、药物和新品种培育的研究中,如利用细胞融合技术发展起来的第三代抗体技术——单克隆抗体技术,已成功地应用到生命科学基础研究和药物生产等领域,创造了可观的经济和社会效益,促进了生命科学的发展。

3)细胞核移植

细胞核移植,就是利用显微操作技术,将细胞核与细胞质分离,然后再将不同来源的细胞核和细胞质进行重组,形成杂合细胞。细胞核移植技术主要是用来研究胚胎发育过程中细胞核和细胞质的功能,以及两者间的相互关系,并探讨有关遗传,发育和细胞分化等方面的一些基本理论问题。克隆动物"多莉"羊的诞生使细胞核移植技术引起了全世界的关注。

4)染色体工程

染色体工程是按人们需要来添加或削减一种生物的染色体,或用别的生物的染色体来替换,可分为动物染色体工程和植物染色体工程两类。这项技术不仅广泛应用于优良品种的培育,如多倍体育种技术已经成为很常规的育种技术,而且也是基因组研究、基因转导和基因治疗等研究的有效手段和途径。

5)胚胎工程

胚胎工程是以生殖细胞和胚胎细胞为对象进行的细胞工程操作,主要技术包括体外受精、胚胎移植、胚胎切割等。这些技术进一步挖掘了动物的繁殖潜力,为优良畜禽品种的大量繁殖,稀有动物的种族延续提供了有效的解决办法。它在畜牧业和制药业等领域发挥着重要

作用,具有光明的应用前景。

6)干细胞与组织工程

干细胞是一类未分化的细胞或原始细胞,具有自我更新和分化潜能的细胞。根据来源分类,可分为胚胎干细胞和组织干细胞。胚胎干细胞来自受精卵分裂发育成囊胚时的内层细胞团,胚胎干细胞具有全能性,可以自我更新并具有分化为体内所有组织的能力。组织干细胞存在于成体组织中,数量很少,属于单能或多能干细胞,可以定向分化为一种或多种不同的组织。因为干细胞在体外可以诱导分化为不同的组织,为临床移植和细胞治疗带来希望。组织工程是以干细胞研究为基础发展起来,将干细胞与工程材料学相结合,将自体或异体组织的干细胞经体外扩增后种植在预先构建好的聚合物骨架上,在适宜的生长条件下干细胞沿聚合物骨架迁移、铺展、生长和分化,最终发育形成具有特定形态及功能的工程组织。它有望解决临床上急需的人工组织与器官问题,且进展极为迅速,已经成为干细胞应用的主要方向。

7)转基因生物与生物反应器

转基因生物包括转基因动物和转基因植物。转基因动物是通过基因工程技术把外源的目的基因导入生殖细胞或早期胚胎并整合到受体细胞的基因组中,经发育形成所有的细胞都包含目的基因的动物个体。相对于转基因动物,转基因植物制备较为简单,是通过基因工程技术将外源的目的基因导入植物细胞后直接进行诱导培养就可再生出转基因植株,当这些转基因植株开花结果时,所改变的遗传性状就可以通过种子遗传给下一代植株。将目的基因在器官或组织中进行特异性高表达的转基因动物称为动物生物反应器,目前研究较多的有乳腺生物反应器、血液生物反应器等,其中乳腺生物反应器已经开始进入产业化。能够生产某些重要蛋白质和次生代谢物的转基因植物称为植物生物反应器,目前研究最多的是生产抗体和疫苗的植物生物反应器。

1.1.2 学习任务

通过学习,掌握细胞工程(包括动物细胞和植物细胞)的基本理论、原理和应用,研究在离体培养条件下,细胞、组织或器官所需营养条件和环境条件;细胞、组织或器官的形态发生规律;植物材料的快速大量繁殖方法;细胞融合方法和机理;再生个体的遗传和变异;种质资源的离体保存机理和方法;动物胚胎移植、胚胎体外生产及动物克隆技术等;改良生物品种,为人类造福。

1.2 细胞工程与其他现代生物技术的关系

现代生物技术是指基因工程、酶工程、细胞工程和发酵工程四大生物工程。细胞工程是现代生物技术的重要组成部分,细胞工程既是一门相对独立的学科,同时又与其他生物学科有着紧密的联系。

细胞工程技术为生物工程、发酵工程、生物化学工程提供融合细胞、筛选出稳定的动植物细胞系等培养对象。同时,细胞工程又借鉴这两者的一些相关技术,如生物反应器工程、在线检测与分析技术、发酵工艺等进行动植物细胞的大规模培养,生产活性代谢产物和单克隆抗体、疫苗等药物。反过来,这些产品又可作为生物化学工程生产其他生物制品的原材料。

细胞工程利用基因工程的一些技术,如转基因技术实现转基因动物的制备,实现转基因生物反应器、人体器官的动物来源培养、基因重组细胞的培养等。

细胞工程可以通过细胞融合、转基因等技术改变生物的遗传性状或实现新型生物的构建,这样就为蛋白质药物或酶制剂生产提供了可能途径。转基因动植物生物反应器如乳腺生物反应器更为蛋白质药物或其他活性产物的生产提供了载体。动植物细胞大规模培养也逐渐成为活性物质生产的较好选择。

1.3 细胞工程的发展简史

1.3.1 植物细胞工程的发展

1) 探索阶段(1902—1929)

细胞工程的理论基础是细胞学说和细胞全能性学说。在 Schleiden 和 Schwann 创立的细胞学说基础上,1902 年,德国植物学家 Haberlandt 提出器官和组织可分割至单个细胞,提出植物细胞具有全能性,认为植物细胞有再生出完整植株的潜在能力,他培养了几种植物的叶肉组织和表皮细胞等,限于当时的技术和水平,培养未能成功,但在技术上是一个良好的开端。1922 年,Haberlandt 的学生 Kotte 和 Robbins 发现分生组织只能进行有限生长。1925 年,Laibach 亚麻种间杂种幼胚培养,得到杂种植物。这些工作虽然是初步的,但为植物组织培养技术的建立和发展起了先导作用。

2) 奠基阶段(1930—1959)

在这一阶段,建立了两个与培养技术有关的重要模式:一是培养基模式;二是激素调控模式。1934 年,美国植物生理学家 White 培养番茄根,建立了活跃生长的无性繁殖系,并能进行继代培养,在以后的 28 年间转接培养 1 600 代仍能生长。利用根系培养物,他们研究了光、温度、pH、培养基组成等对根生长的影响。1937 年,他们首先配制成由无机盐和有机成分组成的 White 培养基,发现了 B 族维生素等对离体根生长的重要性。在此期间,Gautheret 和 Nobecourt 培养块根和树木形成层使其生长。White、Cautheret 和 Nobecourt 确立的植物组织培养的基本方法成为以后各种植物组织培养的技术基础。1934 年,White 正式提出植物细胞"全能性"学说并出版了《植物组织培养手册》,使植物组织培养开始成为一门新兴学科。1948 年,Skoog 培养烟草茎段时,发现腺嘌呤或腺苷可解除生长素对芽生长的抑制作用。1955 年,Skoog 和 Miller 提出了植物激素控制器官形成的概念,指出通过改变培养基中生长素和细胞分裂素的比率,可以控制器官的分化,即生长素和细胞分裂素高促进根的分化,低则促进茎和芽的分化。此后,细胞分裂素与生长素的比值成为控制器官发育的模式,大大促进了植物组织培养的发展,而且至今仍是植物组织培养技术的关键之一。

3) 应用研究阶段(1960 至今)

1958 年,Steward 和 Reinert 以胡萝卜根的悬浮细胞诱导形成体细胞胚并分化成完整的小植株,使细胞全能性理论得到证实,这是植物组织培养的第一大突破,影响深远。1960 年,Cocking 用酶法成功分离原生质体,开创了植物原生质体培养和体细胞杂交工作,这是植物组

织培养的第二大突破。1960 年,Morel 利用兰花茎尖离体培养,使其脱毒并快速繁殖,在此基础上,国际上建立了兰花工业,取得了巨大的经济效益和社会效益。1964 年,Guha 采用花药培养方法,首次获得了曼陀罗花粉单倍体植株,从而促进了植物花药单倍体育种技术的发展。1959 年,Tulecke 和 Nickell 首次将微生物发酵工艺应用到植物细胞悬浮培养,生产次生代谢产物,目前,利用生物反应器大规模培养植物细胞生产次生产物方面已取得很大成就,并在日益发展成为一个新兴产业。1971 年,Takebe 等从烟草原生质体得到再生植株,首次获得原生质体植株再生成功。1972 年,Carlson 等通过两个烟草物种原生质体的融合,获得了第一个体细胞杂种植株。

1.3.2　动物细胞工程的发展

1) 融合现象的发现

19 世纪 30 年代,Muller、Schwann 和 Virchow 等相继在肺结核、天花、水痘、麻疹等病理组织中观察到多核细胞现象。1849 年 Lobing 在骨髓中也发现了多核现象的存在。1855—1858 年,科学家们在肺组织和各种正常组织及发尖和坏死部位都发现了多核细胞。1859 年,Barli 在研究黏虫的生活史时发现,某些黏虫存在着由单个细胞核融合形成多核的原生质团的情况。据此他认为多核细胞是由单个细胞彼此融合而形成的。

2) 动物组织细胞培养技术的建立

1907 年,美国胚胎学家 R. Harrison 将蛙的胚神经管区一片组织移植到蛙的淋巴液凝块中,首创了体外组织培养法。1912 年,Carrel 发现了鸡胚浸出液对于某些细胞的生长具有很强的促进效应,还把无菌技术引入了组织培养技术中。作为他的技术标志是,他在不含抗菌素的培养条件下使鸡胚心脏细胞维持生存了 34 年,先后继代 3 400 次,证明动物细胞有可能在体外无限地生长。1940 年,Earle 建立了可以无限传代的一个 C3H 小鼠的结缔组织细胞系——L 系,1951 年,开发了能促进动物细胞体外培养的人工培养液,进一步促进了动物细胞培养技术的发展。1958 年,Okada 发现紫外灭活的仙台病毒可引起艾氏腹水瘤细胞彼此融合。20 世纪 60 年代,Harris 诱导不同的动物体细胞融合获得成功并能存活下来。1975 年,免疫学家 Kohler 和 Milstein 利用仙台病毒诱导绵羊红细胞免疫的小鼠脾细胞与小鼠骨髓瘤细胞融合,选择到能分泌单一抗体的杂种细胞。该杂种细胞具有在小鼠体内和体外培养条件下大量繁殖的能力,并能长期地分泌单克隆抗体,从而建立了小鼠淋巴细胞杂交瘤技术。这一技术的诞生把细胞融合技术从实验阶段推向了应用研究阶段。

3) 动物克隆技术的建立

1891 年,Heape 等人首次报道了家兔胚胎移植成功的结果,他们把安哥拉家兔胚胎移植给比利时兔,得到了 4 只安哥拉家兔。20 世纪 30 年代以后,先后在羊、猪、牛等动物的胚胎移植上获得成功。经过几十年的不断完善和充实,已成为一项比较成熟的繁殖生物学技术。1997 年,英国科学家 Wilmut 等在世界权威杂志 *Nature* 上首例报道了世界第一只克隆羊的诞生。它的贡献在于:实验证明了哺乳动物高度分化的细胞同样含有全套遗传信息,也能在一定条件下发育成动物个体,进一步证明了动物细胞的全能性。1998 年,Thomason 成功建立人胚胎干细胞系。

1.3.3 细胞工程的发展趋势

细胞工程是一个非常年轻且富有活力的领域。从诞生到现在还不到 100 年的历史,组织培养技术与其他生物技术一起已经成为世界经济中最具活力的支柱性的产业,产生了巨大的经济效益和社会影响。在农业上,通过以上染色体工程技术、原生质体培养、花药培养与无性系变异筛选、组织与体细胞杂交技术在农作物育种上开发应用所取得新进展的综述,充分展示了植物细胞工程技术对加快农作物新品种的育种进程,缩短育种年限,扩大变异范围,拓宽育种领域,打破种间杂交障碍,提高育种水平所起到的重要作用。细胞工程已经渗透到人类生活的许多领域,取得了许多具有开发性的研究成果。相信随着人们对生命科学认识的不断深入,细胞工程技术会得到更快的发展,在解决困扰人类的人口、资源与环境等重大问题上会有更大的作为。随着细胞工程技术研究的不断深入,它的前景和产生的影响将会日益显示出来。

· 本章小结 ·

细胞工程指以细胞为对象,应用生命科学理论,借助工程学原理与技术,有目的地利用或改造生物遗传性状,以获得特定的细胞、组织产品或新型物种的一门综合性科学技术。细胞工程是现代生物工程与生物技术的重要组成部分,在医药、农业、食品、能源、环境等领域有着广泛应用。通过本章的学习,可以系统掌握该门学科的形成与发展,理论与原理,技术与方法等基础知识,结合科研实际以及最新研究动态,使学生对本课程有一个全面的了解;以适应今后在教学、科研和生产开发各方面对当代生命科学人才知识结构的需求。

复习思考题

1.简述细胞工程的概念。

2.简述细胞工程的主要研究内容。

3.简述植物细胞工程技术的发展阶段与标志性成就。

4.简述动物细胞工程发展的主要标志性阶段。

5.简述细胞工程与其他现代生物技术的关系。

6.简述细胞工程的应用领域。

第 2 章

细胞工程实验室及实验基本操作技术

▶▷ **学习目标**

- 了解细胞工程的通用技术。
- 熟悉实验室设置、仪器设备、器具以及处理方法。
- 掌握培养基配制、培养条件的控制。
- 掌握灭菌以及无菌操作的原理与操作方法。

▶▷ **能力目标**

- 掌握洗涤、灭菌和无菌操作技术。
- 学会配制培养基。

　　细胞工程技术是以离体细胞和组织的无菌操作为基础的实验性学科,它需要在模拟动、植物细胞生长发育而设置的实验条件和环境下进行一系列操作。为此需要各种实验设施、设备、适宜的培养条件与技术。本章重点介绍细胞工程实验室的设置、主要仪器设备以及细胞工程的基本实验操作技术,这些都是从事细胞工程工作的基础。

2.1 实验室及仪器设备

2.1.1 实验室设置

细胞培养是在严格的无菌条件下进行,要求工作环境和条件必须保证无微生物污染和不受其他有害因素的影响。细胞培养室的设计原则是防止微生物污染和有害因素影响,工作环境清洁,空气清新,干燥和无烟尘。无菌操作区应设在室内较少走动的内侧,常规操作和封闭培养位于一室,而洗刷消毒在另一室,既保证无菌操作,又便于操作人员工作。

1)基本实验室

(1)洗涤间

洗涤间主要用于玻璃器皿、用具和培养材料的清洗。根据工作量的大小决定其大小,一般面积控制为 $30 \sim 50 \ m^2$。在房间一侧设置专用的洗涤水槽,用来清洗培养用品。中央实验台两侧还应配置水槽,用于清洗小型玻璃器皿。若工作量大,可以配置一台洗瓶机。配备 $1 \sim 2$ 个洗液缸,专门用于洗涤对洁净度要求高的玻璃器皿。此外还应配置落水架、干燥箱、柜子、超声波清洗器等。地面应耐湿且排水良好。

(2)培养基配制间

培养基配制间面积约 $60 \ m^2$,配备的主要仪器设备有冰箱、不同感量的天平、微波炉、pH计、培养基分装器、药品柜、器械柜、真空泵、电炉、各种规格的培养瓶、培养皿、移液管、烧杯、量筒、容量瓶等。

(3)消毒间

消毒间用于培养基及培养器械的灭菌。配备实验台、高压灭菌锅、排风和灭火装备、细菌过滤设备、干热消毒柜、电炉等。

灭菌锅的选择应根据不同的要求选择不同型号的灭菌锅。一般实验室可选用小型的手提式高压灭菌锅,较大的实验室可选用立式自动控制压力和温度的灭菌锅。生产型的实验室可选用大型的卧式灭菌锅。

若实验室面积有限,可将上述工作间合并成一个准备室,仪器设备的安装和放置要合理,便于操作,房间要宽敞、明亮、透风,地面要便于清洁、防滑。

(4)无菌操作室

无菌操作室也称无菌室或接种室,是进行无菌操作的场所,如材料的无菌接种、无菌培养物的继代、培养物的转移等,是细胞培养的重要场所,必须定期消毒,严格无菌。消毒方法可采用紫外线照射、气雾熏蒸(如甲醛)或药品喷洒。设计无菌室时要注意:环境干爽、清洁,位于区域上风位置;空间宜小不宜大,便于消毒;地面、天花板及四壁密闭光滑,无卫生死角。

无菌室通常由里外两间组成,外间是缓冲间,用于准备工作和防止污染。缓冲间的门应该与接种室的门错开,两个门也不要同时开启,以保证无菌室不因开门和人的进出带进杂菌。缓冲间内设有水槽、实验台、鞋帽架、柜子、紫外灯。无菌操作室的内壁应当用塑钢板或瓷砖

装修,工作人员进入操作间前要穿上消过毒的工作服和拖鞋。无菌室主要仪器设备为超净工作台,紫外灯、解剖镜、各种接种器械等。

（5）培养室

培养室是将接种到培养瓶等器皿中的细胞组织进行培养的场所。为了控制培养室的温度和光照时间及其强度,培养室的房间不要窗户,但应当留有一个通气窗,并安装排气扇。室内温度由空调控制,光照由日光灯控制。天花板和内墙最好用塑料钢板装修,地面用水磨石或瓷砖铺设,一般要分两间,分别为光照培养室和暗培养室。培养室外应有一预备间或走廊。

培养室应配有培养架、转床、摇床、光照培养箱、生化培养箱、自动控时器等。日光灯一般用 40 W,固定在培养架的侧面或搁板的下面,每层有两支日光灯,距离为 20 cm,光照强度为 2 000~3 000 lx。

对于动物细胞培养室,侧部可设传递窗,用于物品传递,要配置专门的 CO_2 培养箱,生物安全柜等。

2) 辅助实验室

（1）细胞鉴定室

细胞鉴定室是对培养材料进行细胞学鉴定和研究的场所,在有条件的情况下可建立此实验室。要求清洁、明亮、干燥,使各种光学仪器不受潮湿和灰尘污染。应配置各种显微镜、照相系统等。

（2）生化分析室

在以培养细胞产物为主要目的的实验室中,应建立相应的分析化验实验室,以便于对培养物的有效成分随时进行取样检查。一般配备离心机、酶联免疫检测仪、天平、PCR 仪等。

（3）驯化移植室

驯化移植室用于试管小植株的炼苗和移植,为试管苗的生长提供合适的环境条件,应备有温室、迷雾装置、荫棚、移植床、钵、盆、塑料布、蛭石等。

2.1.2 主要仪器设备

1) 仪器

（1）超净工作台

超净工作台是目前普遍应用的无菌操作装置,如图 2.1 所示。其工作原理主要是利用鼓风机驱动室内空气经粗滤布首次过滤,再经高效空气过滤器除去空气中的尘埃颗粒,使空气得到净化。净化空气以一定的速度通过工作台面,使工作台内构成无菌环境。工作台顶部配有紫外灯,可杀死操作区台面的微生物。超净工作台按气流方向的不同可分为外流式（水平流）和侧流式（垂直流）两种。侧流式（垂直流）工作台应用广泛,洁净度应达到 100 级,国内产品一般都可达标。在布置上可视场地大小选用一个较宽的或者多个较小的操作台。

（2）倒置显微镜

倒置显微镜是细胞培养室必须具备的设备之一,用于观察细胞的生长情况和污染情况等,如图 2.2 所示。若有条件,尚可配置带有照相系统的高质量相差显微镜、解剖显微镜、录像系统等装置,以便随时观察、记录、摄影细胞生长情况。

图 2.1 超净工作台

图 2.2 倒置显微镜

(3)控温设备

控温设备主要指 CO_2 培养箱(图 2.3)、隔水式电热恒温培养箱、生化培养箱、小型孵化器、冰箱、低温冷藏箱、制冰机、水浴摇床、水浴箱等设备。主要提供细胞源(如胚胎)、处理细胞源、培养细胞、保存药品和细胞株。

(4)消毒设备

直接或间接与细胞接触的物品都要经过消毒处理,常用高压蒸气灭菌锅(图 2.4)和电热干燥箱。高压蒸气灭菌锅一般用于培养用的三蒸水、不含糖的缓冲液、手术器械、台布和衣帽、橡胶制品等的消毒灭菌;电热干燥箱主要用于某些器械、器皿的烘干和玻璃器皿等的干热消毒。电热干燥箱升温较高,一般需达到 160 ℃以上。需注意的是,细胞培养用液不宜用干、湿热法灭菌,故实验室还应配置不锈钢滤器对培养用液过滤消毒。

图 2.3 CO_2 培养箱

图 2.4 高压蒸气灭菌锅

(5)离心机

进行细胞培养时,用离心机(图 2.5)进行细胞悬液制备、调整细胞密度、洗涤、收集细胞等工作,常用低速离心机(转速为 2 000~4 000 r/min)。但某些特殊细胞需要控温,故应配置一台冷冻离心机。

（6）细胞计数设备

一般可借助血细胞计数板进行计数，若条件允许可配置电子细胞计数仪，它可自动计数细胞悬液中的细胞数，省时省力。

（7）天平

天平用于称量化学试剂，常用的有扭力天平、精密天平和各种电子天平（图 2.6），另外，细胞培养实验室还需配置一台普通天平，用于培养用液离心时平衡。

图 2.5　离心机

图 2.6　电子天平

（8）水纯化装置

细胞培养对水质要求很高。培养器皿经泡酸和自来水冲洗后，最后需用双蒸水漂洗，配制各种培养用液更是要求使用经过 3 次蒸馏或超纯水装置（图 2.7）制备的超纯水。一般配制培养液的用水应在配液前蒸馏，不宜使用存放数日的三蒸水，以免影响培养用水的质量。

图 2.7　超纯水装置

2）常用的培养器皿

（1）培养瓶

培养瓶由玻璃或塑料制成，主要用于培养、繁殖细胞。进行培养时培养瓶瓶口加螺旋瓶盖或胶塞，胶塞多用于密封培养。国产培养瓶的规格以容量（mL）表示，如 250、100、25 mL 等；进口培养瓶则多以底面积（cm^2）表示。

（2）培养皿

培养皿由玻璃或塑料制成，供盛取、分离、处理组织或做细胞毒性、集落形成、单细胞分离、同位素掺入、细胞繁殖等实验使用。常用的培养皿规格有 10、9、6、3.5 cm 等。

（3）多孔培养板

多孔培养板为塑料制品。可供细胞克隆及细胞毒性等各种检测实验使用。其优点是节约样本及试剂，可同时测试大量样本，易于进行无菌操作。培养板分为各种规格，常用的规格有 96、24、12、6、4 孔等。

（4）培养操作有关的器皿

①贮液瓶。主要用于存放或配制各种培养用液体如培养液、血清及试剂等。贮液瓶分为各种不同规格，如 1 000、500、250、100、50、5 mL 等。

②吸管。主要分为刻度吸管、无刻度吸管。刻度吸管主要用于吸取、转移液体，常用的有 1、2、5、10 mL 等规格。无刻度吸管分为直头吸管和弯头吸管，除可以作吸取、转移液体外，弯头尖吸管还常用于吹打、混匀及传代细胞。

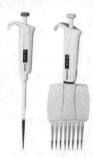

③加样器。加样器也称为移液器，用于吸取、移动液体或滴加样本（图 2.8）。可根据需要调节量的大小，吸量准确、方便。尤以微量加样器，可保证实验样品（或试剂）含量更精确，重复性更好。目前，可用于高温消毒的、多通道的各类移液器可供使用者选择，以确保加样准确、快速、方便并且达到无菌要求。

④其他用品。尚有用于冷冻保存的容器液氮罐，收集细胞用的离心管，放置试剂或临时插置吸管用的试管，装放吸管以便消毒的玻璃或不锈钢容器，用于存放小件培养物品便于高压消毒的铝制饭盒或贮槽，套于吸

图 2.8　加样器

管顶部的橡胶吸头，封闭各种瓶、管的胶塞、盖子、冻存细胞用的安瓿或冻存管、不同规格的注射器、烧杯和量筒以及漏斗，超净工作台使用的酒精灯，供实验人员操作前清洁消毒使用的盛有酒精或其他消毒液的微型喷壶，用于过滤经消化处理的细胞悬液的筛网，将贴壁生长细胞从培养平皿壁上刮下来的细胞刮刀等。

2.2　细胞工程基本操作技术

2.2.1　洗涤技术

细胞培养过程中要用到大量工具，如玻璃器皿、金属器械或塑料制品之类。由于离体细胞对任何有毒有害物质均十分敏感，因此，在实验操作前要严格对所用工具进行清洗和灭菌，保证后续无菌操作的顺利进行。

根据培养用具材料的物理特性、化学特性不同，清洗的方法和程序也不同。

1）洁净剂的种类及使用

最常用的洁净剂是肥皂、肥皂液（特制商品）、洗衣粉、去污粉、洗液、有机溶剂等。

肥皂、肥皂液、洗衣粉、去污粉用于可以用刷子直接刷洗的仪器,如烧杯、三角瓶和试剂瓶等;洗液多用于不便用于刷子洗刷的仪器,如滴定管、移液管、容量瓶、蒸馏器等特殊形状的仪器,也用于洗涤长久不用的杯皿器具和刷子刷不下的结垢。用洗液洗涤仪器,是利用洗液本身与污物起化学反应的作用,将污物去除。因此需要浸泡一定的时间使其充分作用;有机溶剂是针对污物属于某种类型的油腻性,而借助有机溶剂能溶解油脂的作用将其洗除,或借助某些有机溶剂能与水混合而又挥发快的特殊性,冲洗一下带水的仪器。如甲苯、二甲苯、汽油等可以洗油垢,酒精、乙醚和丙酮可以冲洗刚洗净而带水的仪器。

在器皿的洗涤过程中还经常要用到洗涤液,根据清洗要求的不同,可配制不同类型和浓度的洗涤液,见表 2.1。

表 2.1　常用洗涤剂的配制与适用范围

名　　称	化学成分及配置方法	适用范围	说　　明
铬酸洗液	用 5~10 g 铬酸钾溶于少量热水中,冷却后徐徐加入 100 mL 浓硫酸,搅动,得暗红色洗液,冷后注入干燥试剂瓶中盖严备用	有很强的氧化性,能浸洗绝大多数污物	可反复使用,呈墨绿色时,说明洗液已失效。成本较高,有腐蚀性和毒性,使用时不要接触皮肤及衣物
碱性高锰酸钾洗液	取 4 g 高锰酸钾溶于少量水后,加入 100 mL 10%的氢氧化钠溶液混匀后装瓶备用。洗液呈紫红色	有强碱性和氧化性,能洗去各种油污	洗后若仪器上面有褐色二氧化锰,可用盐酸、稀硫酸或亚硫酸钠溶液洗去。可反复使用,直至碱性及紫色消失为止
磷酸钠洗液	取 57 g 磷酸钠和 28.5 g 油酸钠溶于 470 mL 水	洗涤碳的残留物	将待洗物在洗液中泡若干分钟后刷洗
硝酸-过氧化氢洗液	15%~20%硝酸和 5%过氧化氢混合	浸洗特别顽固的化学污物	贮于棕色瓶中,现用现配,不宜久置
有机溶剂	苯、二甲苯、丙酮等	用于浸洗除去小件异形仪器如活栓孔、吸管及滴定管的尖端等	成本高,使用少

大多数洗液具有强腐蚀性,对皮肤、衣物等造成腐蚀,配制和使用洗液时,应充分注意安全。操作时严格按照实验操作规范,穿戴手套、胶靴、围裙和眼镜。在配液时需将酸缓慢加入水中,以防酸遇水放热导致玻璃或陶瓷容器破裂。切勿将水加入酸中。

2) 玻璃器皿的洗涤

由于在细胞培养中要用到大量玻璃器皿,玻璃器皿的清洗与细胞培养能否成功息息相关。洁净的玻璃器皿要求干净透明、无污渍。

新瓶使用前应先用自来水简单刷洗,然后用稀盐酸溶液(5%)浸泡过夜;培养后的玻璃器皿用后应立即浸入清水中。

注意:让水能完全进入瓶皿中,不应留有气泡。器皿要充满清洁液浸泡,勿留气泡。浸泡时间不应少于6 h,一般应浸泡过夜。浸泡后的玻璃器皿用毛刷沾洗涤剂洗涤(宜选用软毛刷和优质的洗涤剂,如高级洗衣粉或洗洁精),洗刷时特别注意洗刷瓶角部位。刷洗和浸酸后都必须用水充分冲洗,使之不留任何残迹。冲洗宜用洗涤装置,以保证冲洗效果,如用手工操作,每瓶都得用水灌满,倒掉,重复10次以上,最后再用蒸馏水漂洗2~3次,晾干备用。

3) **胶塞的清洗**

新购置的胶塞先用自来水冲洗干净后,再作常规处理。常规洗涤方法如图2.9所示。

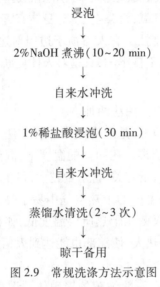

浸泡

↓

2%NaOH 煮沸(10~20 min)

↓

自来水冲洗

↓

1%稀盐酸浸泡(30 min)

↓

自来水冲洗

↓

蒸馏水清洗(2~3 次)

↓

晾干备用

图 2.9　常规洗涤方法示意图

4) **塑料器皿的清洗**

目前细胞培养使用的塑料器皿是一种无毒并已经消毒过灭菌密封包装的商品。使用时只要打开包装即可,为一次使用性物品。必要时,用后经无菌处理后,尚可反复使用2~3次,但不宜过多。再用时仍然需要清洗和灭菌处理。塑料器皿质地软,不宜用毛刷刷洗,造成清洗困难。为此使用中一是防止划痕,二是用后要立即浸入水中,严防附着物干结;如残留有附着物,可用脱脂棉清拭掉,用流水冲洗干净,晾干,再用2%NaOH液浸泡过夜,用自来水充分冲洗,然后用5%盐酸溶液浸泡30 min,最后用自来水冲洗和蒸馏水漂洗干净,晾干后备用。

2.2.2　消毒灭菌技术

细胞培养实验需在严格无菌条件下进行。除了对细胞培养室、操作台、CO_2培养箱等进行定期消毒及加强实验过程无菌操作的意识,在避免细胞污染外,实验前培养用品的消毒灭菌处理也是防止污染的关键。

根据消毒物品的特性不同,可采用物理灭菌法、化学灭菌法和抗生素灭菌法。物理灭菌法主要指通过紫外线消毒、离心或过滤、干热或湿热消毒及其他射线处理;化学灭菌法主要指应用化学试剂达到消毒的目的。

下面主要介绍细胞工程实验室常用的消毒方法。

1)物理消毒法

(1)紫外线消毒

紫外线直接照射法可使空气、操作台表面和一些不能使用其他方法进行消毒的培养器皿(如塑料培养皿、培养板等)达到消毒的效果。操作简便,灭菌效果好,是目前各实验室常用的消毒法。

使用紫外灯消毒时培养室的紫外线灯距地面不超过 2.0 m,距工作台面的距离不宜超过 1.5 m;另外由于各种细菌对紫外线的敏感性不同,所用照射时间和剂量也不同。

紫外线消毒的弊端是易产生臭氧,污染空气,对身体有害;射线照射不到的部位起不到消毒作用,故消毒时,物品不宜相互遮挡。有人习惯于边照射边进行实验操作,这样不好:一是紫外线对细胞、试剂和培养液都有不良影响;二是对人体皮肤也有伤害。

(2)热消毒

热消毒包括湿热灭菌法和干热灭菌法两种。

①湿热灭菌法。为高压蒸气消毒,是最有效的一种方法。布类、胶塞、金属器械、玻璃器皿及某些培养用液均可采用该法消毒。在同样的温度下,湿热的杀菌效果比干热好,其原因是蛋白质凝固所需的温度与其含水量有关,含水量越大,发生凝固所需的温度越低,湿热灭菌的菌体蛋白质吸收水分,而在同一温度的干热空气中易于凝固;温热灭菌过程中蒸气放出大量潜热,加速提高湿度,因而湿热灭菌比干热所要温度低,如在同一温度下,则湿热灭菌所需时间比干热短;湿热的穿透力比干热大,使深部也能达到灭菌温度,故湿热比干热收效好。

湿热灭菌法包括有以下几种:

a.煮沸法:100 ℃ 5 min,能杀死一般细菌的繁殖体。许多芽孢需经煮沸 5~6 h 才死亡。水中加入 2%碳酸钠,可提高其沸点达 105 ℃。既可促进芽孢的杀灭,又能防止金属器皿生锈。煮沸法可用于饮水和一般器械(刀剪、注射器等)的消毒。

b.流通蒸气灭菌法:利用 100 ℃ 左右的水蒸气进行消毒,一般采用流通蒸气灭菌器(其原理相当于我国的蒸笼),加热 15~30 min,可杀死细菌繁殖体。消毒物品的包装不宜过大、过紧,以利于蒸气穿透。

c.间歇灭菌法:利用反复多次的流通蒸气,以达到灭菌的目的。一般用流通蒸气灭菌器,100 ℃ 15~30 min,可杀死其中的繁殖体;但芽孢尚有残存。取出后放入 37 ℃孵箱过夜,使芽孢发育成繁殖体,次日再蒸一次,如此连续 3 次以上。本法适用于不耐高温的营养物(如血清培养基)的灭菌。

d.巴氏消毒法:利用热力杀死液体中的病原菌或一般的杂菌,同时不至于严重损害其质量的消耗方法。61.1~62.8 ℃ 0.5 h,或 71.7 ℃ 15~30 s。常用于消毒牛奶和酒类等。

e.压力蒸气灭菌法:是在专门的压力蒸气灭菌器中进行的,是热力灭菌中使用最普遍、效果最可靠的一种方法。其优点是穿透力强,灭菌效果可靠,能杀灭所有微生物。

目前使用的压力灭菌器可分为下排气式压力灭菌器和预真空压力灭菌器两类。适用于耐高温、耐水物品的灭菌。

②干热灭菌法。比湿热灭菌法需要更高的温度与较长的时间。

a.干烤:利用干烤箱,160~180 ℃ 2 h,可杀死微生物,包括芽孢。主要用于玻璃器皿、瓷器等的灭菌。

b.烧灼和焚烧:烧灼是直接用火焰杀死微生物,适用于微生物实验室的接种针等不怕热的金属器材的灭菌。焚烧是彻底的消毒方法,但只限于处理废弃的污染物品,如无用的衣物、纸张、垃圾等。焚烧应在专用的焚烧炉内进行。

(3)滤过消毒

滤过消毒主要利用细菌等微生物在滤过时不能通过滤膜的微孔而与培养用液分离,从而达到消毒灭菌的目的。大多数培养用液,如人工合成培养液、血清、酶溶液等,这些在高温下会发生变性,失去其功能,不宜用上述方法消毒,必须采用滤过法除菌。

采用滤过消毒法时,必须注意以下事项:

①滤膜用后丢弃,滤器清洗也比较方便,先用毛刷蘸洗涤剂刷洗干净,用自来水冲洗后,再用蒸馏水冲洗,晾干即可。

②用前再装上一张新的滤膜。

③消毒时旋钮不要扭得太紧,凡与空气接触部位都用纸包装好,以保证消毒时的效果。

④消毒后,在无菌环境中立即将旋钮扭紧。

⑤滤过少量液体时,用一种能安装在注射器上的小滤器,使用相同的滤膜,滤过时把滤过物装入注射器针管内,压出过滤物注入无菌容器中即可。

2)化学消毒法

化学消毒剂主要用于那些无法用其他方法进行消毒的物品,如操作者的皮肤、操作台表面、无菌室内的桌椅、墙壁和空气等。常用的化学消毒剂有甲醛、来苏儿、新洁尔灭、过氧乙酸和75%酒精等。

甲醛水溶液为无色,是具有强烈刺激性气味的液体,可杀灭多数微生物,价廉,熏蒸消毒时不损坏衣服、家具、皮革、橡胶等。室内消毒其用量为 $20\sim25$ mL/m³,在加热该溶液时最好同时煮沸一壶水,使室内相对湿度保持 $70\%\sim90\%$,室内温度最好在 20 ℃以上,作用时间 $12\sim24$ h。来苏儿对皮肤有刺激性,不能用作皮肤消毒剂,常用于培养室地面的消毒。1%新洁尔灭是细胞培养实验室常用的消毒剂,器械、皮肤和操作台表面均可用它消毒。过氧乙酸消毒能力极强,可用作各种物品的表面消毒,使用时需用水稀释后,采用喷洒或擦拭的方法消毒即可。75%酒精对活细胞毒性小,常用于器械的浸泡消毒、瓶皿开口部位和皮肤消毒。

3)抗生素消毒法

在进行组织或细胞培养实验时,为了预防因操作不慎等原因造成细胞培养污染,常在培养液中加入一定剂量的抗生素液,抑制微生物污染。

2.2.3 无菌操作技术

防止污染是培养成败的关键因素。体外培养细胞缺乏抗感染能力,所以在操作中应尽量做到严格的无菌操作。

细胞培养无菌操作主要分为两个部分:接种前的准备工作、接种。

1)接种前的准备工作

对于长期闲置的接种室,在接种前需要对接种室进行全面消毒,可用40%甲醛溶液进行

喷雾消毒,密闭 12~24 h,然后打开换气窗 10~15 min。

新安装的或长期未使用的工作台,工作前必须对工作台和周围环境用真空吸尘器或不产生纤维的工具进行清洁工作,再采用药物灭菌法或紫外线灭菌法进行灭菌处理。每次使用工作台时,应先用 75% 酒精擦洗台面,并提前 30~50 min 打开紫外线灭菌灯,处理净化工作区内积累的微生物。在关闭紫外灯后应启动送风机,使之运转 2 min 后再进行培养操作。净化工作区内不应存放不必要的物品,以保持洁净气流不受干扰。

实验人员进入无菌室要穿无菌服、戴帽子和口罩;每周清洗消毒一次;所用物品要严格消毒并一次性准备好;瓶口要用酒精火焰消毒;无特殊情况实验人员尽量减少出入。操作前用台内的 75% 酒精棉球擦拭手、手腕,再擦拭培养基和工作台。

2)接种

接种时要在超净工作台中央无菌区域,勿在边缘的非无菌区操作。动作要准确敏捷,但又不能太快,以防空气流动,增加污染机会。要小心取用无菌的实验物品,勿触碰吸管尖头部和容器瓶口,也不要在打开容器的正上方进行实验操作。容器打开后,以手夹住瓶盖并握住瓶身,倾斜 45° 取用,尽量勿将瓶盖盖口朝上放于工作台上。为拿取方便,工作台面上的用品要布局合理,一般左手使用的用具放置在左手侧,酒精灯位于中间,右手用品放在右侧。

所有操作应在火焰近处并经过灼烧进行,金属器械不能过度灼烧,防止烫伤培养材料。

2.2.4 培养基及其配制

培养基是细胞培养中的重要物质,除了培养材料本身的因素外,培养基的种类和成分等直接影响细胞的生长发育,应根据培养材料的种类和培养部位不同选择适宜的培养基。常用的有植物细胞培养基和动物细胞培养基。动物细胞培养基详见第 8 章动物细胞培养所需的基本条件,以下详述植物细胞培养基的成分及配制。

1)培养基成分

大多数植物培养基的主要成分是无机营养、有机营养、碳源、植物生长调节剂等。

(1)无机营养

无机营养包括大量元素和微量元素。按照国际植物生理学会(IAPP)的建议,将植物所需的浓度大于 0.5 mmol/L 的矿质元素称为大量元素,将植物所需的浓度小于 0.5 mmol/L 的矿质元素称为微量元素。

其中,大量元素包括氮、磷、硫、钙、钾和镁。氮是细胞内核苷酸、氨基酸、蛋白质、某些激素和叶绿素的组成成分,培养基中加入量最多的是氮,一般以硝酸盐、铵盐的形式供给。磷在细胞分裂和光合作用的能量转化和贮存中起着重要作用,同时它也是核酸、蛋白质和叶绿素等分子的结构成分,能增强植物的抗逆能力,促进早熟;细胞培养过程中需要大量的磷,通常以盐的形式供给。钾是许多酶的催化剂,且能促进叶绿体 ATP 的合成,增强植物的光合作用和产物的运输,提高植物的抗逆性,在细胞和组织培养中也是以盐的形式供给。钙、镁、硫也是植物所必需的,参与细胞壁的构成,影响光合作用,促进代谢等生理活动,常以硫酸镁和钙盐的形式供给。

微量元素主要有硼、铁、锌、铜、锰、钼、钴、氯。微量元素在植物生长过程中的需要量很少,稍多则会出现外植体蛋白质变性、酶系变活、代谢障碍等毒害现象。

（2）有机营养

有机营养是指植物生长发育时所必需的有机碳、氢、氮等物质,主要包括糖、维生素、肌醇、氨基酸等。

①糖。糖既可作为碳源,为培养的外植体提供生长发育的碳骨架和能源外,还具有维持培养基一定渗透压的作用。一般添加蔗糖、葡萄糖和果糖。其中蔗糖最常用,它具有热变性,经高压灭菌后大部分分解为 D-葡萄糖、D-果糖,剩下部分的蔗糖,利于培养物的吸收。

②维生素。维生素类化合物在植物细胞里主要以各种辅酶的形式参与多项代谢活动,对生长、分化等有很好的促进作用。使用量通常为 0.1~1.0 mg/L。常用的微生素有盐酸硫胺素（维生素 B_1）、盐酸吡哆醇（维生素 B_6）、烟酸（维生素 B_3）、生物素（维生素 H）、叶酸、抗坏血酸（维生素 C）。

③肌醇。肌醇参与碳水化合物代谢,磷脂代谢等生理活动,可促进培养组织快速生长、胚状体及芽的形成。培养基中肌醇用量一般为 50~100 mg/L。

④氨基酸。氨基酸作为一种重要的有机氮源,是构成生物大分子的基本组成,具有缓冲作用和调节培养物体内平衡的功能,植物细胞和组织培养中常用的氨基酸有丙氨酸、甘氨酸、谷氨酰胺、丝氨酸、酪氨酸、天冬酰胺,以及多种氨基酸的混合物,如水解酪蛋白、水解乳蛋白等。

（3）植物生长调节物质

植物生长调节物质是培养基中不可缺少的关键物质。植物激素是在植物体内由自身合成的,对植物生长的发育具有调节作用,而植物生长调节剂是外源的调节植物生长发育的物质。常用的植物生长调节物质有以下几种:

①生长素类。生长素能诱导培养物细胞分裂、增殖、愈伤组织形成和在根的分化上作用明显。组织培养中常用的生长素有吲哚乙酸（IAA）、吲哚-3-丁酸（IBA）、萘乙酸（NAA）、二氯苯氧乙酸（2,4-D）。其中 IAA 和 NAA 广泛用于生根并能与细胞分裂素互相作用促进茎的增殖;NAA 能有效促进生根和诱导细胞分裂,2,4-D 在诱导愈伤组织形成和生长上作用明显。配制时生长素一般溶于 95% 酒精或 0.1 mol/L NaOH 中,以后者的溶解效果更好。

②细胞分裂素类。细胞分裂素影响细胞分裂、顶端优势的变化和茎的分化等。在细胞培养基中加入细胞分裂素,主要是为促进细胞分裂和由愈伤组织或器官上分化不定芽。常用的细胞分裂素有呋喃氨基嘌呤（激动素,KT）、6-苄基腺嘌呤（6-BA）、异戊基氨基嘌呤（2-ip）和玉米素（ZT）等。

除了生长素和细胞分裂素之外,有时在某些特殊培养实验中也会用到赤霉素（GA_3）、脱落酸（ABA）等。

（4）琼脂

琼脂并非培养基的必需成分,但它能使培养基凝胶化,防止培养物在液体培养基中沉没因缺氧而死亡。琼脂是一种由海藻提取的多糖类物质,一般使用浓度为 0.7%~1%。若浓度太高则培养基硬度大,营养物难于扩散,培养物不能获得充足的营养而影响其生长。有研究表明,在经琼脂半固化的培养基上,大多数培养物生长良好,所以,琼脂培养基得到了广泛的

应用。

2)培养基母液的配制

用于植物细胞和组织培养的培养基种类较多,每种材料需要根据其生物学特性选择合适的培养基。不同类型培养基在配制方法上基本相同,一般都是将培养基中的大量元素、微量元素、铁盐、维生素、氨基酸和各种植物激素分别配成 10 倍、100 倍或 200 倍等的浓缩母液,用时进行稀释。具体配制方法见实训 2 细胞培养液的配制。

·本章小结·

细胞工程技术是以离体细胞和组织的无菌操作为基础的实验性学科,它需要在模拟动、植物细胞生长发育而设置的实验条件和环境下进行一系列操作。为此需要各种实验设施、设备、适宜的培养条件与技术。细胞工程实验室必须满足 3 个基本的需要,即实验准备(包括培养基配制,洗涤与灭菌等)、无菌操作和控制培养。实验室由基本实验室和辅助实验室组成,布局的其基本要求是便于隔离、便于操作、便于灭菌、便于观察。细胞工程基本操作技术主要包括洗涤技术、消毒灭菌技术、无菌操作技术和培养基及其配制。

复习思考题

1.细胞工程实验室的基本构成及要求有哪些?

2.细胞工程实验室需配备的基本设备和用具有哪些?

3.常用的消毒方法有哪些? 具体如何操作?

4.植物细胞培养基的主要成分是什么? 如何配制?

第 3 章

植物组织和细胞培养

▶▷ **学习目标**

- 深入了解植物细胞全能性的基本概念及在植物组织和细胞培养中的应用;深入了解植物体细胞胚胎发生的途径、离体无性繁殖的概念及器官发生方式;深入了解无病毒植株培养的意义及植物脱毒方法,对植物组织和细胞培养原理与途径有深入的把握。
- 了解单细胞分离及培养方法,了解植物突变体的应用及筛选获得方法,对植物细胞此生代谢物和突变体的应用有基本的认识。

▶▷ **能力目标**

- 掌握单细胞分离和培养的方法。
- 学会植物脱毒方法。
- 学会突变体筛选方法。

　　植物组织、细胞和器官的培养是植物细胞工程的中心内容,对植物组织和细胞培养技术的研究,不仅具有重大的理论意义,而且在生产实践中也已显示出了广阔的应用前景。例如,组织分化与形态建成等重大理论问题的揭示、快速繁殖与去除病毒、花药培养与单倍体育种、幼胚培养与试管受精、抗性突变体的筛选与体细胞无性系变异、悬浮细胞培养与次生物质生产以及超低温种质保存等方面的深入研究和实际应用,都必须借助植物组织和细胞培养技术的基本程序和方法。

3.1 植物组织与细胞培养原理

植物组织与细胞培养的理论基础是植物细胞的全能性。细胞全能性是在细胞学说和组织培养实践的基础上建立起来的。1902 年,德国植物学家 Haberlandt 根据细胞学理论最早提出了植物细胞全能性的设想,指出"植物的体细胞在一定条件下,可以如同受精卵一样,具有潜在发育成植株的能力"。1943 年,美国 P.R.White 正式提出植物细胞全能性学说,即每个植物细胞都具有该植物的全部遗传信息,在合适的培养条件下有发育成完整植物个体的能力。1958 年,美国 Steward 和德国 Reinert 等分别从胡萝卜根组织单细胞悬浮培养中获得了再生植株,科学地证实了细胞全能性理论。在生殖细胞、原生质体和融合细胞上也同样得到了证实。

3.1.1 植物细胞全能性及分化

1) 植物细胞全能性

植物细胞全能性是指植物体的每个活细胞都具有该植物的全套遗传信息,与合子一样具备发育成完整植株的潜能。

根据细胞学理论,细胞是生物体结构和功能的基本单位,特别是植物细胞又是在生理上、发育上具有潜在全能性的功能单位。一株植物是由一个具有全能性的受精卵经分裂、分化形成的。体细胞是由受精卵分裂产生的,同样也具有全能性。但是在完整的植株中体细胞只表现出一定的形态,行使一定的功能,这主要是由其所在的环境束缚所造成的,而遗传潜能并未丧失。一旦脱离这种环境束缚(如在离体条件下),在适宜的环境中,体细胞全能性就能得到表现,长成一个完整的植株。因此,植物细胞在发育过程中,通常被关闭的基因组并不是永久性的,细胞仍保持着潜在的全能性。1984 年,国际组织培养协会对细胞全能性作出了新的定义,即细胞全能性是细胞的某种特征,有这种能力的细胞保留形成有机体所有细胞类型的能力。

细胞全能性的实现可以通过以下 3 个途径:

①A 循环(生命周期)。以孢子体和配子体的世代交替实现细胞全能性。

②B 循环(细胞周期)。表示细胞的核质周期。通过核质的相互作用,DNA 复制、mRNA 转录和蛋白质合成,为细胞全能性形成和保持奠定了基础。

③C 循环(组织培养周期)。是指植物体器官、组织或细胞与供体失去联系,无菌条件下,在人工合成的培养基中进行异养代谢,通过细胞脱分化、分裂、再分化过程实现细胞全能性,如图 3.1 所示。

2) 植物细胞的分化

细胞全能性要得以表达除了细胞的生长之外,还需要经过分化的过程。细胞分化的本质是基因差别表达的结果。细胞分化表现为内部生理变化和外部形态变化。在细胞表现形态结构的分化之前,生理生化的分化早已发生和进行了。种子萌发后,产生根、叶、茎、花、果、种子,形成完整植株。植物体内的这种分化使细胞功能趋于专门化,更有利于提高生理功能的效率。因此,分化是进化的表现,越高级的植物类群,分化水平越高,细胞分工越细,机体代谢水平也越高。

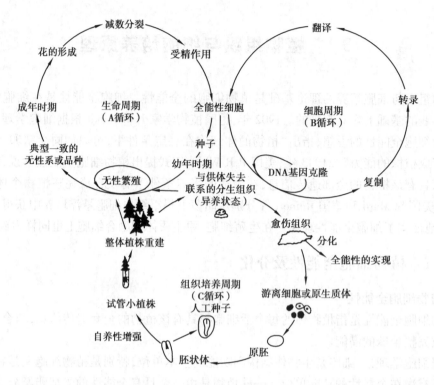

图 3.1　细胞全能性的实现与利用

当将植物组织或器官放在培养基上进行在离体培养时,一旦条件适合,植物已分化的组织或细胞原有的分化状态不再通过细胞分裂传递和保持下去,而是发生脱分化现象。细胞脱分化是指已分化的细胞失去其分化特征,恢复到分生组织状态,即胚性细胞状态。脱分化后的细胞,往往经过细胞分裂形成一团无特定结构和功能的松散的薄壁细胞团,称为愈伤组织。

将脱分化形成的愈伤组织放在适宜的培养基上继续培养,这些无定型的愈伤组织又会重新分化出具有根、茎、叶的完整植株。这种已脱分化的组织或细胞在特定的离体条件下,重新恢复细胞分化能力,形成各种不同类型细胞的过程成为再分化。因此,植物外植体的全能性表达过程就是从分化状态到脱分化状态,形成或者不形成愈伤组织,然后进入再分化和再生器官阶段。

植株离体器官的再生可通过两种途径实现,一种是根芽器官直接分化形成植株,即器官发生途径;另一种是产生具胚芽、胚根的胚状体结构再形成植株,即体细胞胚胎发生途径。第一种途径中先长芽后长根,或相反,或根和芽同时产生。上述两种形态发生途径均以细胞分化为基础。

3.1.2　植物体细胞胚胎发生

植物体细胞在离体培养条件下可经胚胎发生阶段形成胚状体,并发育成完整植株,是高等植物细胞具有全能性最直接的证据。所谓胚状体是指在植物组织培养中起源于一个非合子细胞,经胚胎发育所形成的胚状结构。由于其来源于体细胞,故又称为体细胞胚、不定胚、无性胚。现在已知能产生胚状体的植物有 43 科 92 属 117 种,在维管植物中均有报道。植物体上能够产生胚状体的部位也十分广泛,如离体培养的根、茎、叶、花芽、花药、幼苗等。胚状体发生初期的细胞分子与合子胚不同,但分化后的发育过程与合子胚类似,即球形胚、心形胚、鱼雷胚、成熟胚。无论是哪一种方式产生的胚状体在发生和发育过程中是不同步的,所以在一个材料中同时可以见到各个不同发育时期的胚状体。

胚状体可从离体培养的各种外植体上直接或间接地发生,大致分为 5 种,如图 3.2 所示。

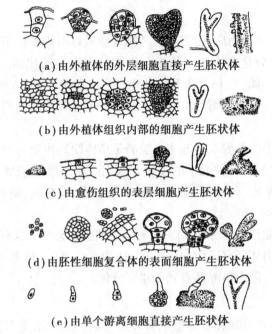

(a)由外植体的外层细胞直接产生胚状体

(b)由外植体组织内部的细胞产生胚状体

(c)由愈伤组织的表层细胞产生胚状体

(d)由胚性细胞复合体的表面细胞产生胚状体

(e)由单个游离细胞直接产生胚状体

图 3.2　植物胚状体产生的方式

①直接从器官外植体上发生。直接从器官外植体上发生的胚胎发生途径,茎表皮、叶、子叶、下胚轴等外植体表面已分化细胞脱分化均可产生胚状体,也可由外植体薄壁细胞脱分化产生。

②愈伤组织发生。愈伤组织发生是胚状体发生最常见的一种形式。愈伤组织表面和内部细胞均可产生胚状体。愈伤组织中产生的体积小、液泡小、胞质浓的细胞团,称胚性细胞团,其表面分生细胞可产生大量胚状体。

③悬浮培养细胞发生。这种方式形成的胚状体数量非常大。在悬浮培养细胞中,有些细胞可产生胚性细胞团,一个胚性细胞团可以发育成一个胚状体,也可以产生多个胚状体。

④单倍体细胞发生。单倍体细胞发生是指小孢子或大孢子细胞培养产生胚状体。通过花药或花粉培养,由小孢子诱导胚状体发生,这种方式常见,也是胚状体发生数量较大的一种方式。该途径胚状体(花粉胚)起源方式多种多样,如小孢子分裂的细胞全部或部分形成胚状体、小孢子分裂产生愈伤组织再分化形成胚状体、小孢子分裂的细胞游离成单细胞后再分裂形成细胞团发育成胚状体等。此外,胚状体也可由生殖细胞、DNA 胞或两者共同分裂形成。

⑤原生质体发生。植物原生质体再生细胞壁经分裂所产生的细胞团也可形成胚状体。

3.1.3 影响植物细胞形态发生的因素

在植物离体培养中,影响植物细胞形态发生的因素包括外因和内因。外因是指培养植物细胞的培养基和环境条件;内因是指植物细胞的遗传性和生理状态。

1) 培养基及环境条件

(1) 培养基

培养基中的生长调节类物质、营养成分及物理性质对离体条件下的植物细胞形态的发生具有很大影响。根或芽分化取决于生长素与细胞分裂素类的比值,不同生长素和细胞分裂素,对生根和长芽效果不同,如 IAA 和 IBA 处理产生的根健壮;NAA 处理长根效果好,但较纤细;6-BA 与 KT 广泛用于芽的诱导,ZT 和 2ip 也有同样效果,2,4-D 有利于诱导形成愈伤组织及胚胎的发生。

一般来说,培养基中的营养成分基本上能满足离体细胞生长与分化所需的各种元素。但不同类型植物器官分化所需每种元素的量仍有区别。如一般生根培养要求无机离子浓度小一些,常用减半 MS 培养基,不加还原氮也有利于根生成,铵态氮、氨基酸、酰胺等有机氮可促胚状体发生。

培养基物理性质,如渗透压、pH、固态或液态对细胞形态发生也有影响。糖对培养基渗透压起着决定作用,植物离体器官适应的培养基 pH 为 5.6~6.0。培养基的固体、液体状态也影响形态发生。一般而言,固态培养基有利于器官分化。

(2) 环境条件

光照和温度对器官发生和胚状体形成有较大影响。光对细胞形态发生的作用是一种诱导反应。不同植物的组织培养,其形态发生对光的要求是不同的。影响器官分化和胚状体形成的光包括光强、光周期和光质。通常许多培养物需 1 000~1 500 lx 光强。光照长度对有正常光周期反应的植物器官分化有影响。在不同光质中,近紫外光和蓝光刺激芽发生,红光有利于根生长。在组织培养中,一般采用 25 ℃ 左右温度条件,有利于器官发生。

温度在适当范围内高低变化对器官发生的数量和质量有影响,如菊芋在白天 28 ℃ 和夜间 15 ℃ 变温条件下有利于根形成。因此,培养室昼夜变温更有利于器官发生与生长。

2) 培养材料生理条件

①器官组织类型。不同种植物的器官组织产生的愈伤组织器官分化明显不同,差异显著。这是由材料的基因型决定的,如烟草、胡萝卜等培养物容易诱导器官形成,而棉花、豆类、禾谷类则比较难。而同种植物不同器官组织形成的愈伤组织,一般在器官发生上差异不显著。但有些植物,如莎草科植物、小麦、油菜等花器官愈伤组织较营养器官而言更容易分化芽和根。

②个体发育年龄。外植体幼嫩比较容易诱导形成愈伤组织,也容易诱导器官分化。

③愈伤组织生理状态。愈伤组织的年龄对器官分化也有影响,一般愈伤组织继代次数越多,器官分化能力越低。

3.2 植物离体无性繁殖

自兰花组培快速繁殖获得成功以来,已有许多植物通过离体培养获得再生植株。离体无性繁殖对于一些园艺植物的快速繁殖,特别是用鳞茎、球茎、块根等营养器官繁殖的植物意义更大,可以保持原植物品种优良特征,繁殖率极高。因此,植物离体无性繁殖有着巨大的经济价值。

3.2.1 植物离体无性繁殖的概念和意义

1)植物离体无性繁殖的概念

植物组织培养技术俗称植物克隆,是当今国内外农业领域中的一项高新技术。广义的无性快速繁殖可包括植物组织培养快速繁殖、全光照育苗法、根茎扦插法等。平常说的无性快速繁殖是指组织培养快速繁殖。植物离体无性繁殖简称离体繁殖、微型繁殖或快速性繁殖,是指利用组织培养方法进行植物离体培养,在短期内获得大量遗传性状一致个体的方法。由离体无性繁殖获得的植株称试管苗,与种子苗(实生苗)、嫁接苗、扦插苗相区别。

2)植物离体无性繁殖的意义

植物离体无性繁殖是改良品种、培育新品种的一种手段,又是快速繁殖良种、以获得大量优质苗木的一种有效方法。从实践来看,将组织培养当作一种繁殖方法比用作一种育苗方法具有更重要的使用价值和更大的经济效益。植物离体无性繁殖不仅保留了常规营养繁殖方法的优点,而且还具有以下价值:

①繁殖系数高,繁殖速度快,经济效益高。离体无性繁殖是以几何级数增长的,例如一个外植体芽一年内可繁殖数以万计的苗木,大大缩短了繁殖时间,比常规方法快数万倍或数十万倍,乃至数百万倍。

②占用空间小,不受季节限制,便于工厂化育苗。一间 30 m^2 的培养室,可同时存放 1 万多株竹子,培育数十万株苗;一年四季均可培养,不受地区、气候影响,且周期短,周转快,便于人工控带养条件。

③繁殖各种珍稀、濒危苗木和突变体,为育种服务。利用离体快繁技术可以大量繁殖脱毒新育成苗、新引进苗、稀缺良种、突变体、濒危植物和基因工程植株等。

④便于种质保存。通过抑制生长和超低温的方法是培养材料长期保存,既保持了材料的活力,又节约了人力、物力和土地,防止了有害病虫的传播,更便于种植资源的保存和转移。

3.2.2 植物离体无性繁殖中器官发生方式

植物离体无性繁殖中器官发生方式主要有 5 种,如图 3.3 所示。

1)不定芽型

不定芽型是指选取具有顶芽和腋芽的短枝进行无菌培养,诱导芽萌发成苗或增殖产生许多不定芽发育成苗,将新萌生的枝条再转接继代,重复芽到苗的增殖过程,最后使其生根形成

植株的方式。不定芽型繁殖的技术关键是要打破顶端优势,促腋芽增殖并促其生根。这种方式的特点:繁殖率高;能保持该种植物的遗传稳定性;可缩短繁殖周期。

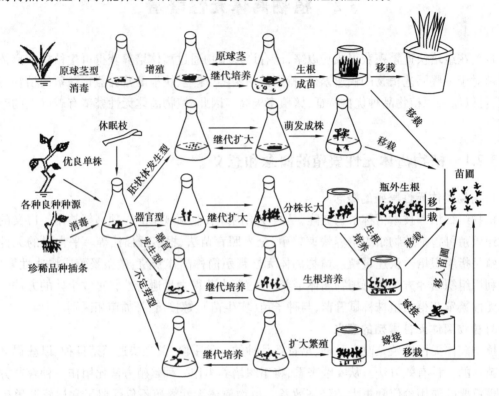

图 3.3　植物组织培养在分化过程的类型和繁殖途径

2)器官型

器官型是指直接从茎、叶、鳞片等外植体或带芽的休眠器官(如小鳞茎、小块茎)上诱导不定芽产生,再生成植株的方式。如百合、水仙、贝母鳞片,烟草、大蒜、甘蓝的花茎等诱导不定芽发生。器官型繁殖技术的关键是满足培养对培养基要求高的条件,控制好激素浓度,避免愈伤组织发生。此外,百合、贝母等外植体产生的小鳞芽等微型休眠器官需经低温处理打破休眠后栽种更适宜。这种方式的特点:繁殖率非常高,但繁殖速度较慢;遗传性稳定。

3)器官发生型

器官发生型是指诱导器官外植体产生愈伤组织,经分化培养形成芽、根或胚状体再生成植株的方式。如水稻、小麦、甘蔗常以幼嫩花序为外植体。器官发生型繁殖的技术关键是外植体诱导产生的愈伤组织要早期挑选,使其来源尽量一致,且不宜反复继代。此外,愈伤组织再分化过程也要严格挑选,使试管苗整齐一致。这种方式的特点:繁殖速度较快;遗传性不稳定,易产生异。

4)胚状体发生型

胚状体发生型是指植物器官、组织和细胞外植体经培养脱分化形成胚状体再成苗的方式,如甘蔗、胡萝卜、石刁柏。胚状体发生型繁殖的技术关键是提高不同外植体胚状体发生及萌发率和提高胚状体同步化率。这种方式的特点:数量多、速度快、结构完整、繁殖系数高;遗传性状稳定。

5）原球茎型

原球茎型是指兰属特有的器官发生方式，即外植体经培养产生原球茎，再直接长成植株。原球茎是兰花种子萌发时产生的呈珠粒状、缩短的、类似嫩茎的器官，可萌发成苗。一个兰花茎尖经一年反复诱导培养可产生 400 万株兰花苗。

3.2.3　植物离体无性繁殖方法和影响因素

1）植物离体无性繁殖方法

（1）母株制备

母株是指用于发生离体培养无性系的植物材料。母株制备即无菌培养物建立阶段，是进行离体无性繁殖的基础和前提。技术要点：一是材料灭菌。应选择干净、健康、无病虫害的材料，根据不同的外植体材料特点，如幼嫩程度、有毛或无毛、生长在地上或地下、芽有无鳞片包裹等，以及不同灭菌剂的灭菌效果，采用适当的灭菌方式，以取得最理想的灭菌效果。二是培养基筛选。根据植物种类和品种、外植体类型及培养目的选择适宜的基本培养基。同时，重点考虑培养基中附加成分如糖量及植物激素种类和浓度的筛选。

（2）增殖

增殖即繁殖体的增殖阶段，使无菌母株在无菌条件下通过各种离体繁殖途径扩增，这一时期是快速繁殖过程中最主要的阶段。选择适宜的激素种类及浓度配比，将培养基渗透压及酸碱度适当调整都极其重要。在外植体增殖过程中，应注意适当调整继代培养时激素的浓度以减弱外源激素的积累对芽增殖质量的影响，防止发生形态变异。

（3）植株再生

再生是指将继代增殖的小芽或苗，转移至生根培养基中，诱导根分化，最终形成具根、茎、叶的完整小植株的过程。诱导小芽或苗根的分化技术关键也在培养基，多数植物根分化需高水平生长素，低水平细胞分裂素或仅有生长素即可，见表3.1。有些植物生根甚至无需任何植物激素。一些难生根的植物用生长素加黑暗处理效果好。此外，部分研究发现，培养基中无机成分下降、糖含量减少一半对生根也有帮助。诱导小芽或苗生根也可在无土基质上进行。如糠灰、泥炭、蛭石、珍珠岩、沙等基质灭菌后使用或直接扦插。如西瓜、苹果，试管苗诱导生根频率虽然很高，但小植株移栽成活率较低，可采用嫁接生根法解决，即将无根小苗直接嫁接在根系良好的砧木上。

（4）壮苗、炼苗和移栽

试管苗长期处于无菌和异养条件下，生长势较弱，对外界环境的适应能力差，在移栽之前必须先要培育壮苗并开瓶炼苗。壮苗是移栽成活的首要条件，方法因材料和情况不同而异。在很多植物中往培养基中加入一定数量的生长延缓剂如多效唑、比久或矮壮素等都是培育壮苗的有效措施。经壮苗后，炼苗驯化过程要逐步过渡，首先在培养室提前一周左右打开瓶盖，使小苗从无菌状态转为自然状态，并逐步适应周围环境的湿度。再通过一定强度日光锻炼，使小苗从异养状态过渡到自养状态。移栽时将小苗基部培养基冲洗干净栽入经灭菌的基质中，保持空气湿度为 70%~90%，待小苗适应后，可转入温室或田间正常生长。

表 3.1   不同基质对苹果离体生根的影响

基　质	40 天后 pH 值	生根率/%		
		君　柚	长　富	
			0.2 mg/L	0.5 mg/L
琼脂	5.2	100	98.6	96.6
蛭石	6.78	100	45.6	85.0
珍珠岩	7.10	85.6	30.0	65.6
河沙	7.70	50.3	25.4	40.0
泥浆	4.35	30.0	5.2	20.1

2) 植物离体无性繁殖的影响因素

外植体经诱导、增殖、分化过程产生完整植株,是一个复杂的演变过程,受多种因素影响,如培养基、培养条件、外植体等。

（1）培养基

对大多数作物来说,MS 培养基均可作为基本培养基,此外,LS、SH 等培养基也比较适合。通常,培养基的细胞分裂素浓度范围为 1~2 mg/L,首选经济实效的 6-BA。生长素使用浓度范围为 0.1~1 mg/L,IAA 因不稳定而更多使用 NAA、IBA。诱导愈伤组织或体细胞胚胎发生选用 2,4-D,促茎芽繁殖等其他途径应尽量避免使用 2,4-D。而生根培养中,大多植物适于低盐培养基,即 1/2 MS、1/2 LS,常用生长素 IAA、IBA、NAA 或无激素培养基促根发生、发育。

（2）培养条件

离体无性繁殖与温度、光照、湿度等密切相关。一般多数植物控制在 25 ℃±2 ℃,一般不低于 15 ℃,不高于 35 ℃。促进芽形成的温度略低,如烟草芽形成在 18 ℃ 最佳。而光周期保持每天 16 h 光照,8 h 黑暗,一般可以得到令人满意的诱导效果。光强常为 1 000~5 000 lx,而有些植物器官形成则不需要光。湿度一般要求环境湿度保持为 70%~90%,否则易使培养基失水变干或长霉污染。

（3）外植体

不同的材料来源、组织或器官类型、外植体大小、生理年龄等诱导率有很大差异。茎尖、茎段、根、叶、花、子叶、花皆可作为离体无性繁殖的外植体,如何确定取材部位既要考虑外植体材料来源丰富,容易成苗,又要考虑外植体本身在培养中的遗传稳定性,使试管苗整齐一致。

3.3 无病毒植物培养

3.3.1 植物病毒的分布及危害

1)病毒在植物体内的分布

在病毒感染的植株内,病毒的分布随植株不同部位和年龄而异。病毒侵染植物叶片后即增殖并向附近细胞转移,尽管速度很慢,但经过一段时间,当叶片内病毒浓度达到一定量而到达韧皮部时,即可随维管束大范围转移到植株其他部位。老叶和成熟组织及器官中病毒含量较高,幼嫩和未成熟的组织及器官中病毒含量较低。根尖、茎尖生长点 0.1~1 mm 区域则几乎不含病毒。

2)病毒对植物的危害

病毒可通过营养体及刀具、土壤传递给后代,因此,大大加速了病毒的传播与积累,导致病毒的危害越来越重、病毒的种类越来越多。已发现的植物病毒超过 500 种,严重危害着农业生产。如核果类病毒在 1930 年只有 5 种,到 1951 年已有 48 种,1976 年达 95 种之多;马铃薯的病毒也多达 30 余种。

病毒对植物的危害给农业生产带来了巨大的损失。多数作物,尤其是无性繁殖的植物,都易受到一种或多种病毒的侵染。如草莓病毒曾使日本草莓产量严重下降,品质退化,草莓生产几乎毁灭。柑橘的衰退病使巴西大部分柑橘园遭遇毁灭性灾难,至今衰退病仍威胁着世界柑橘产业。花卉病毒的危害,表现在花少而小,甚至畸形、变色,出现斑点,严重影响其观赏价值。特别是球根类、宿根类营养繁殖的花卉,由于病毒的积累,退化更严重;而病毒不能通过化学杀菌剂和抗生素进行防治和消除,因此,研究有效的脱病毒方法意义重大。

3)植株脱病毒的意义

植物组织培养脱病毒技术是植物细胞工程的重要组成部分,脱毒种苗的生产在提高作物质量和产量方面已显示出极大潜力,良种、新品种的脱毒组培苗的大面积推广和应用,有效地解决了因病毒引起的品种退化问题。因此,植物组培脱毒技术在农业生产的科学化、现代化中具有巨大的应用价值和经济效益,还可减少农药的施用,改善生态环境条件,防止病害的蔓延与扩散,该方法已成为农业中应用最广泛的生物技术。

3.3.2 植物脱病毒方法

1)物理方法

(1)高温处理

高温处理即热处理,又称温热疗法。高温处理去除病毒的主要原理是病毒受热后不稳定,活性钝化,繁殖能力下降,失去侵染能力。而植物细胞分裂加速,不受高温伤害。高温处理方法简单,效果明显。但该方法只对那些圆形病毒,如葡萄扇叶病毒、苹果花叶病毒;或者线状病毒,如马铃薯 X 病毒、马铃薯 Y 病毒、康乃馨病毒有效;而对杆状病毒,如牛蒡斑驳病

毒、千日红病毒无效。另外,该方法极易使植物材料受热枯死,造成损失。

高温处理有以下两种方法:

①温汤浸渍处理。适用于切下的休眠组织材料。方法是在50 ℃左右的温水中浸渍材料数分钟至数小时。如果水温达55 ℃左右,则会使大多数植物材料被杀死。该方法简便易行,但容易使材料受损伤。

②热风处理。适于生长组织。方法是将生长的盆栽植物材料在35~40 ℃的生长箱或室内处理数十分钟或长达数月,处理温度和时间因植物种类和器官的生理状况而异。然后切取处理后新长出的枝条作接穗。如康乃馨置于38 ℃温度下处理2个月、草莓在36 ℃中处理6周,均可去除病毒。马铃薯带病毒小苗在生长箱中进行变温处理,即35 ℃ 4 h,31 ℃ 4 h,如此交替处理1个月后,脱毒效果达80%,其中35 ℃处理使病毒钝化,31 ℃处理提高了小苗生活力,故而效果良好。

(2)低温处理

低温处理又称冷疗法,如菊花矮化病毒(CSV)和菊花褪绿斑驳病毒(CCMV)的植株经5 ℃处理4个月后,获得67%的去CSV无病毒苗、22%去CCMV无病毒苗;如处理时间加长为7.5个月,CSV去毒苗达73%,CCMV达49%。可见,低温处理也有一定去病毒效果。

2)化学方法

植物脱病毒的化学方法是利用化学药品如嘌呤和嘧啶类似物、抗生素等处理,抑制植物体内病毒复制。常用的化学药品有孔雀绿、硫尿嘧啶、8-氮鸟嘌呤,这些化学物质在某些程度上可抑制病毒合成,但不能使病毒失活,且对寄主有毒害,故应少用。

3)生物方法

生物脱病毒方法是利用植物茎尖、珠心胚、愈伤组织等外植体进行培养去除病毒的方法。

(1)茎尖培养

茎尖培养脱毒是最有效的脱毒方法。此法能与快速离体繁殖相结合,周期短,效率高。茎尖培养脱毒的原理是茎尖几乎不含病毒,采用旺盛分裂的茎尖组织培养,就有可能去除病毒。切取茎尖的大小与脱毒效果直接相关,茎尖越小,去病毒机会越大。不同植物及同一植物要脱去不同病毒所需茎尖大小也不相同,见表3.2。通常茎尖取材大小,与脱病毒效果成反比,与茎尖成活率成正比。茎尖越小,虽然病毒含量越低,但其营养、水分含量也低,培养时对培养基要求越高,剥离技术要求也越高。茎尖通常取材0.2~0.5 mm,带1~2个叶原茎,目前茎尖培养脱毒法已经成为植物无病苗生产中最广泛的一种方法。

表3.2 病毒在植物不同种类和品种茎尖分布的部位及脱毒效果

植物种类	病　毒	去除病毒茎尖大小/mm	品种数/个
甘薯	斑纹花叶病毒	1.0~2.0	6
	缩叶花叶病毒	1.0~2.0	1
	羽毛状花叶病毒	0.3~1.0	2

续表

植物种类	病　　毒	去除病毒茎尖大小/mm	品种数/个
马铃薯	马铃薯 Y 病毒	1.0~3.0	1
	马铃薯 X 病毒	0.2~0.5	7
	马铃薯卷叶病毒	1.0~3.0	3
	马铃薯 G 病毒	0.2~0.3	1
	马铃薯 S 病毒	<0.2	5
大丽菊	花叶病毒	0.6~1.0	1
康乃馨	花叶病毒	0.2~0.8	5
百合	各种花叶病毒	0.2~1.0	3
鸢尾	花叶病毒	0.2~0.5	1
大蒜	花叶病毒	0.3~1.0	1
矮牵牛	烟草花叶病毒	0.1~0.3	6
菊花	花叶病毒	0.2~1.0	3
草莓	各种花叶病毒	0.2~1.0	4
甘蔗	花叶病毒	0.7~8.0	1
春山芥	芜菁花叶病毒	0.5	1

（2）微体嫁接法

木本植物茎尖培养难以生根形成植株。为了克服这一困难,可采用微体嫁接法培养无病毒苗。该方法是 20 世纪 70 年代发展起来的,具体做法是将极小的茎尖(0.14~1.0 mm)作为接穗嫁接到不带病毒的种子实生苗砧木上,然后将砧木、接穗一起在培养基上培养。接穗在砧木上易成活,且去除病毒概率大,故有可能获得无病毒苗。应用微体嫁接技术,已获得苹果、柑橘、桃等木本植物无病毒苗。

（3）珠心组织培养法

柑橘类植物除合子胚外,还有多个珠心胚。珠心组织与维管束系统没有直接联系,故珠心组织培养可获得无病毒植株。例如,用该方法去除了柑橘银屑病、叶脉突出病、柑橘裂皮病、柑橘速衰病等病毒。该方法的缺点是会有 20%~30% 的变异率,同时无病毒苗苗期较长。

（4）愈伤组织法

脱毒植物各种器官和各部位组织经诱导可产生愈伤组织,再分化培养产生芽,最后长成小植株,其中有可能得到无病毒小苗。这一脱毒途径已在马铃薯、天竺葵、大蒜、草莓等植物上获得成功。

3.3.3 脱毒植物检测及保存

经过各种脱毒途径获得的脱毒植株,都必须进行严格的病毒鉴定,证明确实无病毒存在又具备优良的农艺性状的植株,才能作为生产无病毒苗的种源,供生产使用。

1) 检测方法

(1) 直接测定法

直接测定法是直接观察植株茎、叶等器官有无病毒引起的可见症状。然而,病毒侵染寄主并不一定都使之表现出可见症状,有的症状要病毒侵染一段时间后才表现出来,因此需要更敏感的植物来测定病毒是否存在。

(2) 指示植物法

指示植物对病毒极为敏感,一旦感染病毒就会在叶片或全株上表现出特有的病斑。这一方法最早是1929年由美国病毒学家 Holmes 发现的。他用已被 TMV 感染的普通烟叶粗汁液与金刚砂相混,在心叶烟叶子上摩擦,2~3天后,后者叶片上出现了局部坏死斑,且在一定范围内,枯斑数与侵染病毒浓度成正比。病毒寄生范围不同,同一病毒可用一种或几种指示植物进行鉴定。

(3) 抗血清鉴定法

病毒是由蛋白质和核酸组成,因而也是一种抗原,注射到动物体后,会在血清中产生抗体,又称抗血清。抗原与抗体相结合,即为血清反应。不同病毒产生的抗血清具有高度的特异性和专一性,因此,可用已知病毒的抗血清来鉴定未知的病毒种类。该方法简便、准确、速度快,一般几分钟至几小时即可完成,是植物病毒鉴定最有效的方法之一。

(4) 电镜检查法

采用电子显微镜,可直接观察样品材料有无病毒存在,还可进一步鉴定病毒颗粒大小、形状和结构,这些特征相当稳定。因此,电镜检查法既准确又有效,但需要一定的设备和技术,如超薄切片技术、背景染色法、扫描电镜等。

(5) 分子检测法

分子生物学检测方法具有快速、简便、灵敏度高和特异性强的优点。常用有聚合酶链式反应技术(PCR)进行检测。

2) 无病毒原种的保存与繁殖

无病毒原种的保存可以利用隔离法进行保存。隔离保存是指将无病毒原种种在隔离区。有条件的可找适合的海岛、高冷山地、新区等气候凉爽、害虫少、有利于原种材料生长的地方。在隔离区,最好将原种材料种植保存在网室中,防止昆虫特别是传染病毒的蚜虫侵入。种植区土壤也应消毒灭菌,保持周围清洁。还要防止工具、衣服等接触传染病毒并定期复查。

脱毒种苗经鉴定后,可选择优良株系,重新接种于试管内进行长期保存。一般每月需继代一次,这种方法相对比较麻烦。简化而安全的办法是可以在培养基中加入生长延缓剂,如比久或矮壮素,由每月继代一次延至2~3月或更长时间继代一次。试管苗长至2 cm高时,将其放在 4 ℃冰箱内低温保存,保存期可达 1 年左右。或者将试管苗在液氮中长期保存,如图 3.4 所示。

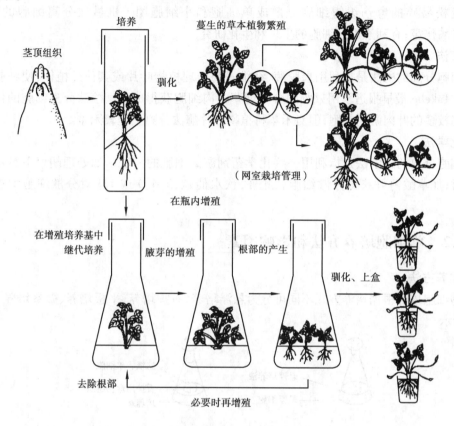

茎顶组织　培养　蔓生的草本植物繁殖

驯化

（网室栽培管理）

在瓶内增殖

在增殖培养基中继代培养　腋芽的增殖　根部的产生

驯化、上盒

去除根部

必要时再增殖

图 3.4　无病毒个体(草莓)的培养和增殖过程

无病毒原种在生产上的繁殖利用,关键在于防止病毒再度感染。要建立一套完整的良种繁育制度,生产场所做好土壤消毒和防昆虫工作,一旦发现感病,应该重新采用无病毒植株以替换感病植株。

3.4　植物细胞培养

植物细胞培养有助于研究植物细胞的特性和潜力,了解细胞间的相互关系,研究细胞分化、发育和形态发生的分子机理。自 20 世纪初开始,植物单细胞的分离和培养的研究已取得了巨大进展,不仅能够分离和培养单细胞,而且在离体培养条件下,可诱导细胞分裂形成细胞团,进而再分化产生完整植株。

3.4.1　单细胞分离方法

1) 机械法

单细胞分离的机械法是从完整的植物器官中分离单细胞的方法之一。如分离叶肉组织

单细胞的具体做法:将叶片轻轻研碎,经过滤和离心,收集和净化细胞。另一种分离细胞的物理方法是从培养的未分化且疏松易碎的愈伤组织中获得单细胞。即用摇床振荡方法使悬浮培养中疏松易碎的愈伤组织细胞分散成单细胞和小细胞团。机械法分离细胞的优点:细胞未受酶伤害;有利于进行细胞的生理和生化研究。

2)酶法

单细胞分离的酶法是指利用果胶酶、纤维素酶处理植物叶片或其他外植体,使细胞分离的方法。Takebe 最早报道了用果胶酶分离烟草叶肉细胞获得成功。酶法分离细胞的优点是可以得到较多的叶肉游离细胞,但对禾本科植物叶片酶法分离细胞较困难。

3)化学法

单细胞分离的化学法是指利用一些化学药剂游离细胞的方法。如处理胡萝卜悬浮细胞培养物时,加草酸钙可获得分散细胞。此外,秋水仙碱、2,4-D 或 LH 对分散细胞均有一定作用。

3.4.2 单细胞培养方法和影响因素

1)培养方法

植物细胞培养根据培养方式不同可分为悬浮培养、看护培养、平板培养、微室培养等,如图 3.5 所示。

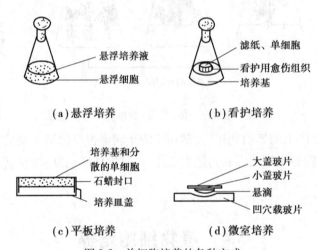

(a)悬浮培养　　　　　(b)看护培养

(c)平板培养　　　　　(d)微室培养

图 3.5　单细胞培养的各种方式

(1)悬浮培养

细胞悬浮培养是将植物游离细胞或细小的细胞团,在液体培养基中进行培养的方法。它是从愈伤组织液体培养技术的基础上发展起来的一种最常用的细胞培养方法。1953 年,Muir 成功地对烟草和万寿菊愈伤组织进行了悬浮培养。悬浮培养的特点:培养细胞可不断增殖,且生长速度快,适于大规模培养及工业化生产有用的细胞次生代谢物;能大量提供分散性好且较为均匀的细胞,用于细胞基础研究、突变体筛选或作为遗传转化受体等;大规模悬浮培养成本较高,因为它需要配置大型摇床、转床、连续培养装置、生物反应器、倒置显微镜等特殊设备。

（2）看护培养

看护培养是用一块活跃生长的愈伤组织来促进培养细胞持续分裂和增殖的方法。Muir 首创此法并获得了烟草单细胞体系。具体做法是将一张 8 mm 见方的无菌滤纸放到一块几毫米大的愈伤组织上，1 天后，将细胞培养在已充分吸收愈伤组织渗透液的湿滤纸上。单细胞分裂形成肉眼可见的小细胞团后，转移至琼脂培养基上培养。看护培养方法的优点是简便易行，效果好。但不能在显微镜下追踪细胞分裂、生长过程。

（3）平板培养

平板培养方法，即按一定细胞密度通常为 $10^3 \sim 10^5$ 个细胞/mL，制备好单细胞悬浮液，再将含琼脂的培养基加热熔化后冷却至 35 ℃ 左右，尚未凝固时与细胞悬液混合，迅速倒入培养皿形成的约 1 mm 厚的平板进行培养。此法是 1960 年由 Bergman 首创的。平板培养的优点是单细胞在培养基中分布均匀，便于在显微镜下对细胞进行定点观察，是单细胞株选和突变体筛选的常用方法。该方法筛选效率高、筛选量大、操作简便，广泛用于研究细胞分裂、分化、生理生化、遗传变异、次生代谢物合成等领域。但该方法缺点是通气状况不佳，排泄物质易积累造成毒害或影响组织吸收。

（4）微室培养

微室培养是在人工制造的无菌小室中，将一滴悬浮细胞液培养在少量培养基上，使其分裂增殖形成细胞团的方法。具体做法：将两滴单细胞悬浮培养液滴于载玻片中央，在其四周放一圈液状石蜡，左右两侧各加一滴液状石蜡并分别置一张盖玻片，第三张盖玻片架在两个盖玻片之间，中间形成一个微室。微室培养的优点是可对培养细胞连续进行显微观察，了解一个细胞的生长、分裂、分化、胞质环流规律等过程。但由于培养基太少，营养和水分难以保持，pH 变动幅度大，培养细胞仅能短期分裂。

2）影响因素

单细胞培养比愈伤组织培养更困难，因为它对营养条件和环境条件要求更高。培养基成分和初始细胞密度是影响单细胞培养的关键因素。

（1）条件培养基

条件培养基指生长过愈伤组织或悬浮细胞的液体培养基。由于愈伤组织或细胞在生长过程中向培养液（基）释放了一些特殊代谢物，更有利于单细胞生长和分裂，所以在选用的培养基中可加入一定量的条件培养基。但有些适宜愈伤组织形成的培养基，也不一定适合作为悬浮培养基，而要在此培养基配方的基础上进行调整。常用的培养基有 N6、MS、B_5、LS 等培养基，附加 CH、CM 等营养物。

（2）细胞起始密度

开始培养时，最低的、有效的单位体积内的细胞数目为细胞起始密度。一般为 $10^4 \sim 10^5$ 个细胞/mL。

（3）生长调节剂

在单细胞培养中，补充生长调节剂有利于细胞分裂。特别是对低密度细胞的培养，必须加入生长调节剂，细胞才能分裂。如培养低密度旋花属细胞时，要求有细胞分裂素和几种氨基酸，而同材料的愈伤组织培养则无需添加上述物质。

（4）pH 值

培养基适当的 pH 可促进细胞分裂。悬浮培养时,pH 变动较大,易迅速升值变为近中性,而 pH 的变化直接影响铁盐的稳定性,故悬浮培养时,还需加入磷酸钙、碳酸钙等 pH 缓冲剂。

3.4.3 植物次生代谢物

植物细胞的次生代谢物是生活细胞通过次生代谢途径产生的一些天然化合物,其中许多是对人类有用的,广泛用于医药、食品、化工、纺织品、造纸、能源等各产业。在植物组织培养中,培养细胞也含有各种次生代谢产物,如生物碱、色素、酶、农药等。利用细胞培养技术生产植物次生代谢物质,早在 20 世纪 50 年代便引起了人们重视。20 世纪 80 年代以来,该技术有了很大发展,已经可以利用植物细胞大规模培养技术工业化进行合成、生产人类有用的天然产物。

植物次生代谢产物种类繁多,从培养细胞中提取的有用成分已超过 300 种,包括几十个类别,如蛋白质、核酸、糖类、各种生物碱、维生素、单宁类物质、植物生长激素、抗毒物质和抗生素等,见表 3.3。

表 3.3　高等植物提供的天然物质、性质和用途

化合物		性质用途	来　源
植物碱	咖啡因	神经中枢刺激剂	吗啡、茶、克拉果
	可卡因	局部麻醉剂	古柯
	吐根碱	抗阿米巴剂	Coehaelis ipecacuanha
	天仙子胺	抗乙酰胆碱酶	天仙子、颠茄、曼陀罗
	吗啡与可待因	麻醉性止痛剂	罂粟
	尼古丁	杀虫药	烟草
	奎宁碱	抗疟疾	金鸡纳树
	利血平	治高血压	萝芙木
	莨菪胺	抗乙酰胆碱酶	白花曼陀罗
	长春花碱	治白血病	长春花
黄酮类	鱼藤酮	治原虫剂、杀虫剂	鱼藤属
	路丁	微血管加强剂	桉树属
酚类	柯桃因	治腹泻药	窠托皮属
	香豆素	香料	薰衣草
甾体	毛地黄毒素	强心药	毛地黄
	地谷新	强心药	希腊毛地黄
	地奥配质（茄鲜定）	甾体原料	茄科
萜类	薄荷醇	香料	薄荷属
	甜叶菊精	甜味剂	甜叶菊
	四氢大麻醇	治疗精神病药	大麻

利用细胞培养合成次生代谢物常见的有生物碱类、蛋白质类和甾体与萜烯类。

（1）生物碱类

生物碱是一类含氮的碱性天然产物。已知的生物碱达 5 500 种以上。许多生物碱可做药物。如小檗碱、吗啡、莨菪碱、喜树碱、利血平等。

（2）蛋白质类

蛋白质类包括各种用途的酶制剂、氨基酸、多肽等。酶制剂如木瓜蛋白酶、菠萝蛋白酶、麦芽糖酶等。氨基酸类如 L-谷氨酰胺、L-多巴等；多肽如类胰岛素。

（3）甾体与萜烯类

含甾体类药用植物比较多，组织培养最成功。如利用植物组织培养方法生产次生物质的研究已取得较大进展，今后在改进细胞系选择和筛选方法，完善固定化技术，提高大规模培养效率，深入研究植物细胞中次生代谢途径及调节方式等方面必将会发挥巨大潜力。

3.5 植物突变体的获得

在植物组织培养过程中，变异是一种常见现象，组织培养是遗传变异的一个丰富来源。突变是一切遗传变异的终极来源，突变体作为遗传学、生物化学和生理学研究的良好材料，同时也是进行作物品种改良和育种的良好材料。

3.5.1 突变体类型及应用

1) 突变体类型和形成机理

（1）自发突变

自然界的自发突变频率很低，一般为 $10^{-7} \sim 10^{-6}$。在组织培养细胞中，发生自发突变的原因可能是亲本植株，特别是长期进行营养繁殖的植株中变异积累的结果；也可能是培养条件诱导的结果，如生长调节剂及浓度、继代次数过多和时间过长及培养物再生方式的影响。

（2）诱导突变

诱导突变是指应用物理和化学因素诱发的突变。能诱发突变的理化因素称为诱变剂。人工诱变处理可大大提高突变体发生频率，这样突变体来源就会大为增多，通过人工选择再加上育种上的一些措施，可培育出生产所需的各种优良品种。物理诱变剂主要是辐射，如 X 射线、α 射线、β 射线、γ 射线以及紫外线等。化学诱变剂很多，常用的诱变剂根据对植物细胞作用方式不同主要有碱基类药物，如 5-溴尿嘧啶、2-氨基嘌呤等；烷化剂，如乙烯亚胺、硫酸二乙酯等；诱发染色体断裂的物质，如马来酰肼等。

2) 突变体应用

突变体离体选择时，可在单细胞、原生质体、愈伤组织、器官外植体、再生植株等培养进行

诱导和筛选,其中,细胞水平上的诱导突变与选择只需投入较少的人力物力,在很小的空数以百万计的细胞进行诱导处理和筛选,诱变数量大、概率高、重复性好、稳定性好。常见的突变体有以下几种:

(1)抗氨基酸及类似物突变体

作物的品质之一是蛋白质和氨基酸含量,特别是氨基酸组成。如大多禾谷类作物中人体必需氨基酸(如赖氨酸、苏氨酸、异亮氨酸)含量偏低,豆类作物氨基酸含量偏低,如果能提高作物上述氨基酸含量,就提高了其营养价值。而氨基酸在细胞中的代谢是受末端产物的反馈抑制调控的。因此,筛选出对某种氨基酸含量不敏感的突变体,就有可能大大提高细胞内这种氨基酸的含量。如高赖氨酸水稻突变体筛选、高赖氨酸和苏氨酸玉米突变体筛选已获成功。

(2)抗病突变体

许多植物致病原因是由病原毒素引起的。在某些情况下,病原毒素对细胞的毒害作用与对整体植株的作用是一致的。因此,有可能用病原毒素在离体条件下对抗病性直接进行选择。运用此方法已筛选出小麦抗赤霉素病突变体、水稻抗白叶枯病和抗稻瘟病突变体、玉米抗小斑病突变体和油菜抗黑脚病突变体。

(3)抗除草剂突变体

抗除草剂突变体可增强作物自身对除草剂的抗性,以保证在以除草剂消灭田间杂草时不影响作物的生长。在大田中施加选择压力并进行抗除草剂突变体筛选常常是做不到的,利用组培细胞施加选择压力,已筛选出烟草抗"毒莠定"、抗"杀草强"等十多种作物抗除草剂突变体。

(4)耐盐突变体

抗盐作物品种的选育不仅可使目前大面积盐渍土地得到利用,还有可能使长期在海上作业的人能吃上自种的新鲜蔬菜。耐盐突变体筛选是利用加有 NaCl 或 Na_2SO_4 等天然化学盐类的培养基,选出耐盐细胞系。一般方法是通过逐步提高盐浓度而获得的,因此在盐处理培养基中,培养选择时间的长度和突变体细胞或突变体植株频率之间成正相关。烟草已培养选择出可在含 1%~2% NaCl 条件下生存的抗盐突变体。

(5)抗金属离子突变体

土壤中所含的金属和重金属离子对植物是有害的,抗金属离子突变体筛选主要是抗汞、铜、铝离子,要求突变体植株对土壤中 0.025 mmol/L $HgCl_2$、0.5 mmol/L $CuSO_4$、1 mmol/L $AlCO_3$ 有抗性。

(6)抗逆突变体

主要是抗旱、抗低温突变体筛选。干旱条件下细胞内脯氨酸含量急剧上升,苯丙氨酸含量却显著下降,因此利用这一指标进行抗干旱突变体筛选。抗低温突变体筛选则选用甲基磺酸乙酯作为诱变剂,培养辣椒悬浮细胞,得到了两个抗低温突变细胞株。

(7)营养缺陷型突变体

营养缺陷型突变体是指不能在正常表型细胞生长的培养基上生长,而需要添加其他营养成分才能生长的细胞。这种细胞缺乏合成某种营养成分的能力。1964 年 Tukecke 首次获得银杏赖氨酸营养缺陷型的细胞突变体。

3.5.2 突变体筛选方法

1) 直接选择法

直接选择法是指利用在选择条件下细胞突变体可优先生长的特点进行筛选。主要用于抗性突变体的选择,分为正选择法和负选择法。

（1）正选择法

正选择法是较简单的一种方法,在离体植物细胞培养基中加入特定物质,即把细胞置于对其生长有害的化合物(选择剂)胁迫之下,正常表型细胞死亡而抗性突变体细胞能生长,从而将其分离出来。可采用一步选择法或多步选择法,一步选择法所用选择压可一次性地消灭正常型细胞,而多步选择法则使突变体在一系列浓度梯度的抑制剂中进一步培养,最终可将能耐受最高生长抑制剂浓度的突变细胞团选择出来。

（2）负选择法

负选择法是在特定培养基中,让正常表型细胞生长繁殖,突变体细胞受抑制不分裂呈休眠状态,然后用一种能毒害正常生长细胞,而对休眠状态突变细胞无害的药物淘汰正常细胞,再用正常培养基恢复突变体的生长。该方法主要用于营养缺陷型突变体的筛选。

2) 间接选择法

间接选择法是借助与突变体表型有某种相关特征作指标进行筛选的方法。

3) 绿岛法

绿岛法是利用已分化组织进行筛选和鉴定的方法。例如,一些除草剂只作用于绿色光合细胞,对无叶绿体分化的培养细胞难以发挥作用。这时可以在整体植株叶上用除草剂使叶片细胞发生突变并制造选择压力,使抗性细胞存活下来,形成局部绿色斑点,即绿岛,然后切下该部位细胞进行培养,再分化形成抗性植株。

应用自发突变或诱发突变细胞并结合选择突变细胞系的方法,可以筛选培育出对极端环境因素有抗性的植株,也可能选出高产优质的作物品系。突变体诱导和筛选方法已成为近代细胞水平及基因水平上改变植物遗传性的有效方法之一。

· **本章小结** ·

植物组织和细胞培养是指将植物的器官、组织或细胞,在无菌条件下接种于人工配制的培养基上,使其细胞分裂、增殖、分化、发育,甚至形成完整植株的过程。植物组织与细胞培养的理论基础是植物细胞具有全能性。在离体条件下植物细胞通过细胞脱分化与细胞再分化过程,形成或者不形成愈伤组织,以器官发生途径或者体细胞胚胎发生途径再生器官与植株。体细胞胚是指在植物组织培养中起源于一个非合子细胞。经胚胎

发育所形成的胚状结构,即胚状体,胚状体发生途径多种多样。上述两种形态发生途径均以细胞分化为基础。植物离体无性繁殖是指利用组织培养方法进行植物离体培养,在短期内获得大量遗传性一致的个体的方法。因繁殖速度快,系数高,经济效益高;占用空间小,不受季节限制,便于工厂化育苗等优点而被广泛用于生产。植物离体无性繁殖中,器官发生方式可分为不定芽型、器官型、器官发生型、胚状体发生型、原球茎型。通过母株制备、增殖、植株再生及鉴定、炼苗和移植各阶段完成快速繁殖过程。

作物被多种病毒侵染导致其品质退化、产量下降,给农业生产带来了巨大的损失。在生物、物理、化学等植物脱病毒方法中,茎尖培养脱病毒是最有效且安全的方法。茎尖培养脱毒的原理是茎尖几乎不含病毒,采用旺盛分裂的茎尖组织培养,就有可能去除病毒。已脱病毒植株,都必须通过各种检测方法进行严格的病毒鉴定,证明确实无病毒存在又具备优良的农艺性状的植株,才能作为生产无病毒苗的种源,以供生产使用。

植物细胞培养有助于研究植物细胞的生理生化特性和潜力,建立起具某些优良特征的单细胞无性系,诱发突变体产生或建立起遗传转化体系。而大规模地培养细胞可进行次生代谢物生产。分离单细胞的方法有机械法和酶法等。植物细胞培养根据培养方式不同可分为悬浮培养、看护培养、平板培养、微室培养等。

在植物组织培养过程中产生的突变体可作为遗传学、生物化学和生理学研究的良好材料,同时也是进行作物品种改良和育种的良好材料。细胞突变体形成是根据筛选目标不同在培养基中加入选择压力,定向筛选出各类有应用价值的突变体。

复习思考题

1. 胚状体是什么? 有哪些特点? 通常可以通过哪些途径获得?

2. 植物离体无性繁殖有什么意义? 根据器官发生方式不同,可分为哪几种类型?

3. 简述植物离体无性繁殖各器官发生方式的特点及技术关键。

4. 植物脱病毒的方法有哪些? 如何检测脱病毒植物?

5. 简述植物细胞培养单细胞分离方法及培养方法。

6. 常用的植物细胞突变体筛选方法有哪些?

第 4 章

植物原生质体培养和
体细胞杂交

▶▷ **学习目标**

- 深入了解原生质体培养的基本概念和意义；深入了解体细胞杂交的概念和意义，对原生质体培养和体细胞杂交形成总体认识。
- 深入了解原生质体分离和培养的方法及体细胞杂交的技术，能够对细胞融合技术有全面认识。
- 了解影响原生质体数量和活力及原生质体培养的因素，能够调控原生质体分离及培养的条件。
- 基本了解细胞质工程，对细胞质工程有一定的认识。

▶▷ **能力目标**

- 掌握原生质体分离方法。
- 掌握原生质体培养方法。
- 掌握原生质体融合技术。

　　植物种间遗传物质交换和转移的传统方法是有性杂交，是创造作物新类型的有效途径。然而，在植物进化过程中，在花器结构、遗传等方面的差异造成了远缘物种间的生殖隔离，这种隔离限制了物种间遗传信息的交流和转移，成为通过杂交进行作物改良的严重阻碍。细胞融合技术为克服这一障碍提供了一条新途径。为了克服植物有性杂交的局限性，扩大物种间遗传物质转移的范围，创造更多的有利变异类型，人们试图进行原生质体的培养。1960年，英国植物生理学家Cocking采用真菌培养物中的纤维素酶来降解番茄根细胞壁，获得原生质体；1971年，Nagata和Takebe首次获得烟草叶肉原生质体培养的再生植株。20世纪80年代中叶，先后有水稻、油菜、玉米、小麦、棉花、马铃薯等重要农作物的原生质体均已再生出完整植株，而且在许多种间或属间甚至科间完成了原生质体融合，并再生为体细胞杂种植株。这些研究成果为作物的改良开拓了新的思路。

4.1　植物原生质体培养和体细胞杂交的概念及意义

具有细胞壁的植物细胞为研究和杂交工作带来了很多困难,研究者对细胞进行一定处理后已能从许多植物的各种组织和培养细胞系中制备出大量有活力的原生质体。

4.1.1　原生质体培养的概念及意义

1)原生质体培养的概念

（1）原生质体

原生质体指用特殊方法脱去植物细胞壁的、裸露的、有生活力的原生质团。就单个细胞而言,除了没有细胞壁外,它具有活细胞的一切特征。

（2）原生质体培养

原生质体培养指将植物细胞游离成原生质体,在适宜的培养条件下,依据细胞的全能性使其再生细胞壁,以进行细胞的分裂分化,并发育成完整植株的过程。

2)原生质体培养的意义

（1）单细胞无性系的建立

通过原生质体培养可以产生单细胞无性系,而单细胞无性系为在细胞水平上进行突变体的筛选、次生代谢物生产、人工种子生产、种质资源库的建立等提供了非常理想的受体系统。

（2）遗传转化的良好受体

原生质体无细胞壁,易于摄取外源遗传物质、细胞器、微生物等,为植物基因工程研究提供了理想的遗传实验操作体系。

（3）多种基础研究的实验体系

利用原生质体可以进行基础理论的研究,如细胞生理、分化和发育、细胞质膜结构和功能、植物细胞壁再生、病毒侵染机理等方面研究。

（4）体细胞杂种的形成

由于细胞壁被溶解,有利于细胞间相互融合,克服了常规育种属间由于生殖隔离而造成的杂交障碍,实现了远缘种属间遗传信息的交流。

4.1.2　体细胞杂交的概念及意义

1)体细胞杂交的概念

体细胞杂交又称原生质体融合,是指在人工控制条件下,不经过有性过程,两种体细胞原生质体相互融合产生杂种的方法。由融合细胞培养成的植株为体细胞杂种。根据两种融合细胞的来源,将原生质体融合分为自发融合和诱发融合两类。

（1）自发融合

当细胞壁被溶解后,胞间连丝发生膨大,相邻细胞原生质和细胞器通过膨大的胞间连丝

融合形成同核体,实现原生质体的自发融合,这种融合仅限于同一物种内。如精、卵细胞的融合。

（2）诱发融合

诱发融合指应用某种诱变剂导致原生质体融合的方法。使原生质体进行融合时,可能出现 4 种不同的融合形式,如图 4.1 所示。

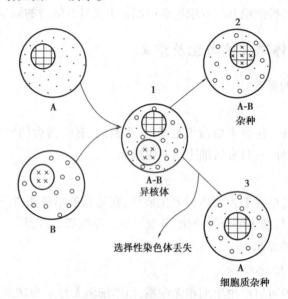

图 4.1　原生质体融合的不同产物

1—A、B 原生质融合产生 A-B 双核异核体;2—A、B 两个核融合产生四倍体原生质杂种;

3—异核体中一个核完全消失,形成细胞质杂种

①异核体或异核细胞。细胞质发生融合,但细胞核未融合,两个核处在共同细胞质中,这种现象称为异核体或异核细胞。

②杂种原生质体或合子细胞。双核异核体的细胞核发生融合产生的杂种细胞称为杂种原生质体或合子细胞。

③同核体。两个相同原生质体发生融合,则为同核体。

④非对称杂种或细胞质杂种。异核体中的两个细胞核,若亲缘关系太远,其中一个核的染色体逐个被排除掉,这种细胞为非对称杂种。如果整个核完全消失,细胞质仍为杂合,这种融合产物称为细胞质杂种。

据不完全统计,通过原生质体融合技术获得的种内体细胞杂种已有 30 余个,种间体细胞杂种 100 多个,属间 60 多个,并有两个科间组合的胞质杂种分化出植株。

2）体细胞杂交的意义

（1）细胞膜和细胞器行为的研究

通过细胞融合,研究不同细胞膜相互作用和质膜的结构与功能。由于体细胞融合既可以像有性杂交那样进行双亲细胞核融合,也可以实现细胞质融合,有利于细胞器行为和功能的研究。

（2）染色体行为的研究

远缘种间原生质体融合得到的体细胞杂种往往发生其中一个亲本染色体丢失现象，便于研究染色体的作用和行为。如拟南芥+油菜的杂种细胞系有的细胞只有拟南芥的染色体，而有的则相反，只有油菜的染色体，且在长期培养过程中保持稳定；但有些杂种仅丢失某一亲本的部分染色体，如在粉蓝烟草+大豆的杂种细胞系培养中，粉蓝烟草的染色体逐渐减少。

（3）远缘杂种的形成

远缘杂种的形成可以克服不同物种间的生殖障碍，扩大杂交亲本和植物资源的利用范围。不仅能实现植物不同种属间的体细胞融合，而且还可以实现植物细胞与动物细胞、植物细胞与微生物细胞等不同生物界细胞间的融合，极大地扩大了物种间遗传信息的交流，可能创造出常规育种所不能产生的变异类型。

4.2　植物原生质体分离

4.2.1　原生质体分离方法

1）机械分离法

原生质体的机械分离法是借助于利器如刀或机械磨损等措施使细胞壁破损，促使原生质体释放的方法。将材料置于高渗糖溶液中预处理，使其发生质壁分离，当原生质体收缩成球状时，用利刀切割或机械磨损组织，原生质体可从受损的细胞壁中释放出来。机械法有局限性，只能用于可以发生明显质壁分离的材料，且只获得少量原生质体，完整原生质体更少。常用于分离藻类原生质体。

2）酶解分离法

细胞壁主要成分为纤维素、半纤维素、果胶质和少量蛋白质等。原生质体的酶解分离法指将材料放入能降解细胞壁的混合等渗的酶液中保温一定时间，在酶液的作用下，细胞壁被降解，从而获得大量有活力的原生质体的方法。常用的酶种类有纤维素酶类、果胶酶类、蜗牛酶和胼胝质酶等。其中纤维素酶类包括纤维素酶、半纤维素酶、崩溃酶；果胶酶类包括果胶酶和离析酶。不同植物种类、不同器官和组织的细胞壁组成不尽相同，因此在制备原生质体时应选用相应的酶种类和浓度进行处理。如叶片，用纤维素酶和果胶酶就能分离得到原生质体；而愈伤组织则需再添加半纤维素酶或离析酶才能得到较多的原生质体。崩溃酶主要用在木本植物等细胞壁难降解的植物上；蜗牛酶和胼胝质酶主要用于花粉母细胞和四分孢子原生质体分离。酶解分离法的优点是可以应用于几乎所有的植物及植物材料，以获得大量的原生质体。缺点是这些酶制剂常污染有核酸酶、蛋白酶、过氧化物酶及酚类物质，会影响到原生质体的活力。

4.2.2　原生质体纯化

经酶解处理后，得到的混合液中除了完整的、未损伤原生质体外，还含有亚细胞碎屑，尤

其是叶绿体、维管成分、未消化细胞、破碎或损伤原生质体等,清除这些杂质的过程称为原生质体纯化。原生质体纯化主要通过离心沉淀法、漂浮法、不连续梯度法等方法实现。

1)离心沉淀法

利用比重原理,原生质体纯化的沉降法是在比重小、具有一定渗透压的溶液中,先对酶液处理好的混合物进行过滤,然后低速离心,使纯净完整的原生质体沉降于试管底部。此法对离心力无严格要求,操作比较简单,但在游离和清洗过程中易损伤原生质体。

2)漂浮法

漂浮法是采用比原生质体密度大的高渗溶液,使原生质体漂浮在液体表层的纯化方法。由于存在高渗溶液对原生质体的破坏作用,因此仅能获得少量完好的原生质体。

3)不连续梯度法

原生质体纯化的不连续梯度法是采用两种密度不同的溶液形成不连续梯度,通过离心使原生质体与破损细胞分别处于不同液相中,从而纯化原生质体的方法。这种梯度的制备方法:在离心管中先加入溶于培养基中的 500 mmol/L 蔗糖,再加入溶于培养基中的 140 mmol/L 蔗糖和 360 mmol/L 山梨醇,最后一层是悬浮在酶液中的原生质,其中含有 300 mmol/L 山梨醇和 100 mmol/L $CaCl_2$。经 400 g 5 min 离心后,在蔗糖层上出现一个纯净的原生质体层,而碎屑则位于管底。该方法可防止因挤压引起的原生质体破碎,原生质体收获量较大,且纯化效果较好。

以叶肉细胞为例,如图 4.2 所示,图解说明了原生质体分离及纯化的技术流程。分离出来的原生质体一般呈球形。

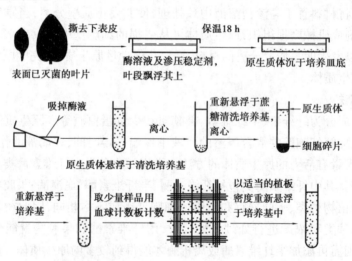

图 4.2　叶肉原生质体分离和纯化的技术流程

4.2.3　原生质体活力测定

新分离得到的原生质体要经过活性检测并调整好起始密度后才能进行培养。原生质体活力直接反映了原生质体分离和纯化技术的成败,主要方法有形态识别法、相差显微镜观察法和染色法。

1) 形态识别法

形态上完整、富含细胞质、颜色新鲜的正常球形原生质体为有活力原生质体。如果进一步将其转入低渗培养液或洗涤液中,可见到分离操作中被高渗溶液缩小了的原生质体会恢复原状,这种正常膨大的原生质体即为有活力的原生质体。

2) 相差显微镜观察法

在相差显微镜下观察细胞质环流和正常细胞核的存在与否来鉴别细胞的活性。

3) 染色法

(1) 酚藏花红染色法

用 0.1% 的酚藏花红能使无活力的原生质体染成红色,有活力的原生质体不着色。

(2) 伊凡蓝染色法

利用 0.025% 伊凡蓝染色原生质体时,有活力但受损伤的细胞和死细胞能够摄取这种染料,完整的活细胞则不能摄取它,因此不着色的细胞为活细胞。

(3) 荧光素二乙酸酯染色法

荧光素二乙酸酯(FDA)染色法又称可以对活细胞进行快速测定。FDA 既不发荧光也不具极性,能自由地穿越细胞质膜。活细胞内 FDA 可以被酯酶裂解,将能发荧光的极性部分(荧光素)释放出来。荧光素则不能自由穿越质膜,在完整的活细胞内积累。死细胞不具有此过程。当紫外光照射时,荧光素产生绿色荧光,据此鉴别细胞的活性。测定方法:先用丙酮制备 0.5% 的 FDA 贮备液,置于 0 ℃ 下保存;测定细胞活力时,将贮备液加到原生质体悬浮液中,FDA 液须加入适当的渗透压稳定剂,贮备液量以终浓度为 0.01% 为准;保温 5 min,用带有适当激发片和吸收片的水银灯对细胞进行检查,发荧光的原生质体为活细胞。

4.2.4 影响原生质体数量和活力的因素

原生质体培养成功的首要条件是获得大量、完整、有活力的原生质体。影响其数量和活力的主要因素有供试材料、酶类组合及酶解时间、渗透压稳定剂、质膜稳定剂、pH、光照、温度等。

1) 供试材料

植物种类、所选材料生理和发育状态、供试材料生长条件等因素均对分离出的原生质体数量和活力有很大影响。研究者发现下列材料是比较理想的分离原生质体的供试材料。

(1) 自然生长材料的幼嫩叶片

这类材料取材方便,来源广泛,在适宜处理条件下,可以获得大量活性较高的原生质体。如用木本植物英国榆的叶片做材料,对从顶端生长点处数第一片叶即幼嫩叶、第二片叶和第三片叶即老叶进行原生质体分离,发现幼嫩叶的原生质体产量和存活率均明显高于老叶。

(2) 无菌实生苗子叶和下胚轴

种子易于灭菌,可以在短期内获得大量的供试无菌苗。子叶和下胚轴细胞年幼,具有较强的分裂和成苗能力,能产生较多的具高分生能力的原生质体。这种原生质体中的叶绿素含量较少或不含叶绿素,在体细胞融合中可以与来自叶肉细胞的含有大量叶绿素的绿色细胞区别,有利于杂种细胞筛选。

（3）外植体来源的愈伤组织和细胞悬浮培养物

这些材料不受外界环境的影响，实验重复性好，产生的原生质体产量、活性和稳定性等比较理想。还可以借鉴组织培养的经验，对原生质体的培养及其再生植株的形成做初步评估。但是，多次继代的细胞容易出现染色体结构和数量变异，影响原生质体培养和植株再生，应选用稳定的培养细胞系，尽可能减少继代培养时间。

（4）花粉细胞

花粉原生质体具有单倍体和原生质体的双重优点，花粉具有群体数量大、一致性好和取材方便等优点，是植物细胞工程中一种特殊的实验体系。

2）酶的种类、组合和酶解时间

不同植物种类、组织和细胞分解细胞壁所需酶的种类、浓度、组合及酶解时间也不相同。如草本植物利用纤维素酶类和果胶酶类中的 2~3 种酶组合成的混合酶液即可达到原生质体分离的目的，一般纤维素酶浓度为 0.5%~3%，果胶酶浓度为 0.1%~1%；成熟花粉粒和四分体小孢子原生质体分离时除需纤维素酶类和果胶酶类外，尚需降解胼胝质层的蜗牛酶和胼胝质酶，其浓度为 0.5%~2%。在适宜酶液组合下，酶解时间变化较大，为 30 min~20 h。如马铃薯花粉原生质体的酶解时间为 3~4 h，杨树愈伤组织为 9~12 h。

3）渗透压稳定剂

原生质体内部渗透压受基因型、细胞年龄、培养时的光照和温度以及取材时间和部位等因素的影响，渗透压值为一变动的数值。根据定量观察，原生质体在轻微高渗溶液中比在等渗溶液中更为稳定。在制备原生质体时，常由于细胞壁的解除和壁压的消失将引起细胞破碎。因此在酶液、原生质体洗涤液、培养液中必须调整渗透压，维持细胞内外渗透压的平衡，防止细胞涨破或过分收缩而破坏内部结构。常用的渗透压稳定剂为甘露醇、山梨醇、葡萄糖、蔗糖、盐类（如 KCl、$MgSO_4 \cdot 7H_2O$ 等）。

4）质膜稳定剂

为了增加完整原生质体数量，防止质膜破坏，促进原生质体细胞壁再生和细胞分裂形成细胞团，需在酶液中加入质膜稳定剂。常用的质膜稳定剂为葡聚糖硫酸钾、2-（N-吗啉）-乙烷磺酸、氯化钙（浓度 0.1~1.0 mmol/L）、磷酸二氢钾等。

5）pH

酶活性与 pH 有关。酶活力和细胞活力最适 pH 不完全一致，如纤维素酶 R-10 和离析酶 R-10 的最适 pH 分别为 5~6 和 4~5，而细胞活性的 pH 一般为 5~6。低 pH（pH<4.5）。酶的活力强，原生质体分离速度快，但细胞活力差，破坏的细胞较多；pH 偏高，酶活力差，原生质体分离速度慢，完整原生质体数目较多。

6）光照和温度

酶活力与温度也有关系，分离原生质体所用的各种酶的最适温度为 40~50 ℃，但这种温度细胞无法适应。分离原生质体所用的温度一般为 25~30 ℃。由于脱壁的原生质体对光非常敏感，故分离原生质体的过程一般是在黑暗条件下进行的。

4.3　植物原生质体培养

纯化后具有活力的原生质体能否在培养中实现全能性表达是一切利用原生质体进行遗传操作的基础。一般情况下,原生质体在适宜培养基上和适宜培养条件下经培养2~4天可再生细胞壁,并很快进行细胞分裂,30~60天出现肉眼可见的细胞团,之后细胞继续分裂增殖,几个月后形成愈伤组织或胚状体,最后形成完整小植株。

4.3.1　原生质体培养方法

原生质体培养类似于单细胞培养,培养方法主要有3种,即液体浅层培养法、固体薄层培养法和双层培养法。

1) 液体浅层培养法

液体培养法是指培养基中不加凝胶剂,使原生质体悬浮在液体中进行培养的方法,常用的是液体浅层培养法。液体浅层培养法是将原生质体用培养液调整到一定细胞密度,取少许置于培养皿中浅层静止培养的方法。在培养期间,每天轻轻晃动2~3次,以加强通气。原生质体在液体环境中有较强的吸收营养物质的能力,表现出较强的细胞分裂能力。当原生质体经细胞壁再生并形成细胞团后,应立即转入固体培养基上培养,以利于分化形成植株。

2) 固体薄层培养法

固体薄层培养法又称为平板培养法,是指将一定体积(3~4 mL)的原生质体按照一定细胞密度(10^4~10^5个细胞/L)与等体积的处于45 ℃的琼脂培养基混合,在培养皿内制成薄层(1 mm)固体平板的方法。这种培养方法使原生质体处于固定位置,避免了原生质体的漂浮游动。优点是利于对单个原生质体的细胞壁再生及细胞团形成的全过程进行定点观察,缺点是培养基温度对薄层质量和原生质体分布有一定影响,且单细胞生活力弱,通气状况不良,第一次细胞分裂时间会推迟2天左右。

3) 双层培养法

双层培养法又分为液体-固体双层培养法和固体-固体双层培养法。将一定浓度原生质体悬浮液涂布在固体琼脂培养基表面的培养方法为液体-固体双层培养法。液体-固体双层培养法是固体薄层培养和液体浅层培养两种方法的结合,不仅具有液体培养法的优点,而且当液体培养基蒸发消耗完时,分裂的小细胞团会落在固体培养基上而被固定,细胞分散性好。将等体积的琼脂或琼脂糖与一定浓度的原生质体悬浮液混合,涂布在固体琼脂培养基表面的方法为固体-固体双层培养法。该法的优点是下层固体培养基中的营养物可以逐渐向上层释放,以备原生质体利用。缺点是原生质体较易缺氧,且固体培养基不利于原生质体的分裂增殖。此法已用于甘蔗和黄花烟草等植物的原生质体培养。

此外,用于细胞培养的一些技术,如悬滴培养、微室培养、看护培养等技术,也已在原生质体培养中得到了应用,特别是用于低密度原生质体培养。

4.3.2　影响原生质体培养的因素

1)原生质体活力

原生质体有活力是进行原生质体培养的基础。供试材料、酶类组合及酶解时间、渗透压稳定剂、质膜稳定剂、pH、光照、温度等都会影响原生质体活力。

2)原生质体起始密度

原生质体接种时的植板密度对再生细胞的分裂具有很大影响。过高或过低,都不利于细胞分裂。常用的植板密度为 $10^4 \sim 10^5$ 个细胞/mL。但是,在原生质体培养的起始植板密度为 $10^4 \sim 10^5$ 个细胞/mL 时,由个体形成的细胞团常常在培养早期就彼此交错生长在一起,若不同原生质体群体在遗传上具有异质性,就会形成嵌合体组织。而起始植板密度如果低于 10^3 个细胞/mL,即使原生质体能进行细胞壁再生,细胞分裂能力也会受到严重影响,仅分裂 1～2 次。

3)渗透压稳定剂

在没有形成细胞壁前,原生质体的培养必须有培养基渗透压的保护。培养 7～8 天后,大部分的原生质体已经再生出细胞壁并通过几次细胞分裂形成了细胞团。此后,通过定期加入渗透压剂或渗压剂水平很低的新鲜培养基,逐渐降低培养基渗透压,最后将肉眼可见的细胞团转入不含渗压剂的新鲜培养基中。

4)培养基营养

原生质体培养常用的基本培养基为 MS、B5、NT、N6、MT 或它们的衍生培养基。无机盐浓度应低于组织或细胞培养的培养基,适当提高 Ca^{2+}、Mg^{2+} 含量而降低 NO_3^- 含量,有助于提高原生质体的稳定性,促进细胞分裂;生长激素的种类和组合因植物材料而异,一般由活跃生长的培养细胞分离的原生质体要求较高的生长素、细胞分裂素配比才能进行细胞分裂,而由高度分化的细胞(如叶肉细胞等)得到的原生质体,则需要较高的细胞分裂素/生长素配比才能进行脱分化。

为了使原生质体在低起始植板密度下能够进行分裂生长,高国楠和 Michayluk（1975）配制了一种含有多种维生素、氨基酸和有机酸的培养基即 KM8p,使单个原生质体或起始植板密度少于 100 个细胞/mL 的原生质体培养获得成功,说明原生质体具有复杂的营养要求。

5)培养条件

(1)光照

原生质体培养初期对光照要求严格,需要黑暗或微弱的散射光。一些对光非常敏感的物种,初期的原生质体培养应完全置于黑暗中,如显微镜下用加绿色滤光片的白炽灯照射 5 min 后,豌豆原生质体的有丝分裂活动就受到完全抑制。形成细胞团后,特别是诱导器官发生时,则须强光照射。

(2)温度

原生质体培养温度一般为 24～30 ℃,但不同物种间差异较大。当培养温度低于 25 ℃时,番茄叶肉细胞原生质体和陆地棉培养细胞的原生质体不能分裂或分裂频率很低;而在 27 ~ 29 ℃下培养,原生质体发生分裂,植板率很高。

(3)植物材料和基因型

①植物材料。分离、纯化的原生质体能否在适宜的培养环境中形成细胞团和再生植株,与供试材料的生理状态密切相关。如在向日葵幼叶、子叶和下胚轴原生质体的培养时发现,只有下胚轴的原生质体培养后得到了细胞团和胚状体。

②基因型。不同基因型的原生质体再生植株形态发生能力不同。如用 12 个水稻品种的悬浮细胞培养细胞原生质体,只有 4 个品种得到了原生质体;在夫雷亚茄原生质体培养能力的遗传分析中发现,原生质体培养到形成愈伤组织受 2 个独立位点的显性基因控制。

4.3.3　原生质体再生过程

原生质体再生过程是指分离、纯化的原生质体在适当的培养方法和良好的培养条件下,很快恢复细胞壁,再生细胞持续分裂形成细胞团,最后或通过愈伤组织或通过胚状体分化出完整植株的过程。

1) 细胞壁再生

具有活力的原生质体都具有再生和分裂的潜在能力,而细胞壁的再生是细胞分裂的先决条件。正常情况下,原生质体经培养数小时后开始再生细胞壁,两天至数天细胞壁再生完成,这时的原生质体由球形逐渐变成椭圆形。细胞壁再生所需时间与植物种类和起源细胞的分化程度及生理状态有关。从分生组织细胞和快速生长细胞系制备的原生质体在酶液被洗净后可立即开始再生细胞壁。电镜下观察发现原生质体新细胞壁形成时,先是质膜合成细胞壁主要成分微纤维,然后在质膜表面进行聚合作用,形成多片层的结构,以后在质膜和片层结构之间或在膜上产生小纤维丝,逐渐形成不定向的纤维团,最后形成完整的细胞壁。

2) 细胞分裂和愈伤组织或胚状体形成

原生质体细胞壁的存在是进行规则有丝分裂的前提,但再生细胞并不一定都能进行细胞有丝分裂,因此原生质体植板率变化很大,从 0.1% ~ 80%。不同类型的原生质体分裂和发育速度是不完全一致的。如马铃薯花粉原生质体第一次细胞分裂发生在培养 24 h 后,7 天后发生第二次细胞分裂,15 天时形成小细胞团。

3) 植株再生

原生质体培养形成的愈伤组织转移到分化培养基中,可形成不定芽和不定根或形成胚状体结构后直接发育成植株,如图 4.3 所示。马铃薯实生苗子叶和下胚轴原生质体培养产生的愈伤组织在愈伤组织培养基上培养 25 ~ 30 天后转移到分化培养基上,继续培养 20 ~ 30 天,即分化出大量正常生长的绿苗。

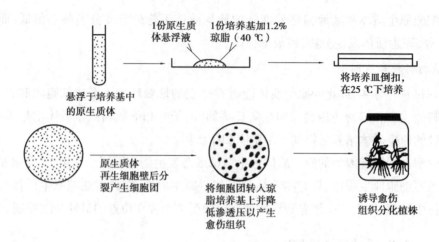

图 4.3　原生质体培养及植株再生的技术流程

4.3.4　原生质体培养过程中的遗传变异

植物离体培养过程中存在着广泛的变异,包括适应性变异和遗传性变异。适应性变异为非遗传变异,它随环境条件的改变而丧失其变异特征;遗传性变异因涉及染色体和基因变异,能稳定地传递给后代。这些变异虽然影响了离体无性繁殖材料的遗传稳定性,但在植物改良中发挥着巨大的作用。这些变异与其他离体培养组织发生的变异一样,主要表现为染色体数目和结构上的变异以及基因突变,造成原生质体再生植株在形态特征上明显不同于母体植株。

1)形态特征变异

原生质体再生植株发生的遗传变异必然在植株的形态特征上得到表现。在观察马铃薯叶片原生质体再生植株的形态特征时发现,许多性状有明显的变异。生长习性的变异表现:再生植株与原始品种相比生长旺盛,植株异常高大等;块茎的变异表现:块茎大而整齐、色泽为白玉色,具有较高的商品价值;发育特性的变异表现:开花所需光照时间比原始品种缩短,结果数量高于原始品种 100 倍;抗病性变异:某些再生植株表现出抗枯萎病、抗旱疫病和晚疫病特性。

2)染色体和基因变异

在原生质体植株再生过程中,细胞进行一系列分裂和分化。细胞分裂包含 DNA 复制、染色体复制、细胞核复制和细胞复制与分裂,任何一步受阻或发生异常都会导致细胞染色体数目和结构的变异,其中染色体数目变异比较多见。原生质体培养过程中还存在染色体结构变异和基因突变,如在小麦、胡萝卜等植物中观察双着丝粒染色体、无着丝粒染色体、染色体易位等;基因突变表现在易识别的形态特征、抗病性、生理生化特性等方面。

4.4　植物体细胞杂交

植物原生质体裸露的细胞具有无识别性融合能力,使植物无性杂交成为可能,使有性杂交根本无法获得的种间、属间、科间远缘杂种成为现实。通过体细胞杂交,打破了物种间的界限,可以实现植物细胞与动物细胞、植物细胞与微生物细胞以及植物细胞与个别细胞器或 DNA 分子的融合,融合细胞的再生将创造出自然界中不存在的新物种。此外,体细胞杂交不仅可以同有性杂交一样,进行父母本细胞核的融合,而且可以实现父母本细胞质的融合,这对于由细胞质基因决定的性状具有重要意义。

4.4.1 原生质体融合

原生质体融合即细胞融合,也称为体细胞杂交。是将分离出来的不同亲本的原生质体通过一定的诱导技术使质膜接触,从而发生膜融合、胞质融合、核核融合形成杂种细胞,并进一步发育成杂种植株的技术。为了与有性杂交区分开,原生质体融合常写作:"a(+)b"其中 a 和 b 是 2 个融合的亲本,(+)表示体细胞杂交。

1)原生质体融合方法

(1)化学融合

化学融合指利用化学融合剂,促使原生质体相互靠近、粘连融合的方法。自 Carlson 等 1972 年获得第一株烟草体细胞杂种植株以来,原生质体融合时使用过的化学融合剂有 $NaNO_3$、溶菌酶、明胶、高 pH-高浓度钙离子、PEG、抗体、植物凝血素伴刀豆球蛋白 A 及聚乙烯醇等。

①$NaNO_3$ 融合法:$NaNO_3$ 能诱导原生质融合的原因是钠离子能中和原生质体表面的负电荷,使凝聚的原生质体的质膜紧密接触,促进细胞融合。优点是盐类融合剂对原生质体的活力破坏力小,缺点是诱导融合频率低,仅为 0.1%~4%,因此该方法现在已很少应用。

②高 pH-高浓度钙离子融合法:高 pH 高 Ca^{2+} 法是受动物细胞融合研究启发而产生的。以烟草为例,融合方法如下:

a.2 个亲本原生质体按 1∶1 比例混合,使终浓度为 $2.5×10^5$ 个细胞/mL。

b.在 50 g 下离心 3~5 min,使原生质体沉积在一起。

c.去上清液,加入 2 mL 融合液(融合液含有 50 mmol/L $CaCl_2$。H_2O^+400 mmol/L 甘露醇,用甘氨酸-NaOH 缓冲液调整 pH 为 10.5。

d.50 g 下离心 3~5 min,使原生质体沉积。

e.离心管置于 37 ℃水浴 30 min。

f.用清洗介质置换融合液,放置 30 min。

g.用清洗介质洗 2 次,将原生质体悬浮在培养基中培养。该方法优点是杂种产量高,缺点是高 pH 值对细胞有毒害作用。

③聚乙二醇(PEG)融合法:PEG 分子具有轻微负极性,可与具有正极性基团的水、蛋白质和碳水化合物等形成氢键。当 PEG 分子链足够长时,它在相邻原生质体表面之间起分子桥作用,引发原生质体粘连。与膜相连的 PEG 分子被洗掉后,膜上电荷发生紊乱而重新分配。当两层膜紧密接触区域的电荷重新分配时,可能使一种原生质体上的带正电荷的基团连到另一种原生质体的带负电荷的基团上,导致原生质体融合。另外,PEG 能增加类脂膜的流动性,能够对细胞的融合具有促进作用。以马铃薯为例,融合方法如下:

a.用原生质体培养基调整双亲原生质体密度为 $1×10^6$ 个/mL,按 1∶1 比例混合。

b.将 2 mL 原生质体混合液移入规格为 6 cm 的培养皿中,用滴管缓慢滴加 2 mL 混合液,混合液组成为 30%PEG+10 mmol/L CaCl$_2$·2H$_2$O+0.7 mmol/L KH$_2$PO$_4$+0.1 mol/L 葡萄糖,用 1 mol/L HCl 和 KOH 调整 pH 为 5.6,边加边轻微摇动,使原生质体悬浮液充分混合,然后静置培养 15 min。

c.缓慢加入 2 mL 0.08 mol/L CaCl$_2$ 溶液,培养 10 min。

d.加入 5 mL 原生质体培养基,在 750 r/min 下离心 5 min,去上清液,将沉淀物用原生质体培养基重复洗涤 2 次后进行培养。大豆-豌豆融合细胞融合率最多可达 50%。

该方法优点是融合频率高,可重复性强,诱发融合无特异性。缺点是融合过程比较烦琐。

(2)电融合

电融合是指利用改变电场来诱导原生质体彼此连接成串,再施以瞬间强脉冲使质膜发生可逆性电击穿,促使原生质体融合的方法。以马铃薯为例,电融合方法如下:

a.将两个亲本的原生质体分别以 1×10^6 个/mL 的密度悬浮于与原生质体等渗的甘露醇(0.55 mol/L)融合液中,按 1∶1 比例混合。

b.用滴管将悬浮液加入融合室电极内。

c.选定正弦波频率,逐步加大其峰—峰电压。显微镜下观察,当形成 2~3 个原生质体细胞串时,施加瞬时高压直流电脉冲。所用电压大小及脉冲宽度的标准是能使细胞串轻微振动而又不使其断裂为度。

d.融合完毕后,在 500 r/min 下离心 5 min,去融合液后进行培养。电融合方法具有效率高、对原生质体伤害较小、对融合细胞数易于控制等优点。

2)原生质体融合过程

经过化学法、PEG 法等进行融合的细胞,其原生质体融合的基本过程包括 4 个阶段:

a.凝聚作用阶段。期间 2 个或 2 个以上的原生质体的质膜,在诱导剂或正弦电场作用下相互靠近。

b.2 个相邻原生质体之间在很小的局部区域质膜紧密粘连,彼此融合。在 2 个原生质体间呈连续状态。

c.由于细胞质桥的扩展,融合完成,形成球形的异核体或同核体。

d.两个亲本原生质体质膜上的受体、糖蛋白、糖脂等成分也在融合后的质膜上重新分布,开始形成细胞壁,完成融合,形成单核融合细胞。

4.4.2 体细胞杂种选择系统

在经过融合处理后,原生质体群体内既含有未融合的双亲原生质体也存在同核体、异核体和各种其他核质组合体。如何从原生质体融合处理后的混合液中筛选出杂种细胞,是体细胞杂交的关键技术。

1)杂种细胞选择

(1)互补选择法

互补选择法是指利用两个亲本具有不同遗传和生理特性,在特定培养条件下,只有发生互补作用的杂种细胞才能生长的选择方法。互补选择法又可分为营养代谢互补选择法、抗性突变体互补选择法和叶绿素缺失突变体互补选择法。

①营养代谢互补选择法。指杂种细胞的选择是建立在细胞分裂和增殖所需激素自养的基础上进行的。选择培养基为无激素培养基。1972年,Carlson等培育的第一株杂种植株就是利用杂种细胞的生长激素自主性和双亲细胞需提供外源激素才能生长的特性,利用无生长素培养基筛选了杂种细胞。矮牵牛和爬山虎融合体细胞的筛选也是利用此法获得的。在对马铃薯杂种细胞筛选过程中发现,融合细胞与未融合细胞、自体融合细胞对培养的反应不同。杂种细胞具有杂种优势,对培养基适应能力较强,未融合细胞或自体融合细胞表现的生活力较弱,分化慢,难以再生植株。这一特性为在马铃薯体细胞融合中利用培养基和培养条件筛选杂种细胞和植株提供了十分有利的条件,如利用两个亲本均不能分化苗的培养基培养融合愈伤组织,获得了种间体细胞杂种。

②抗性突变体互补选择法。该种选择法,杂种细胞的选择是以其对某种逆境具有抗性的基础上进行的。选择培养基为施加某种逆境条件的培养基。例如,矮牵牛和拟矮牵牛杂种细胞筛选时,利用两个物种原生质体对培养基及放线菌素D的敏感性差异进行选择,获得了杂种细胞形成的愈伤组织及杂种植株。在进行大豆和水稻融合细胞筛选时,利用水稻原生质体耐高温(37℃)的特性,将水稻与大豆原生质体融合细胞培养在适合大豆原生质体生长的培养基,但培养温度为37℃。用H3标记胸腺嘧啶,证明杂种细胞能正常合成DNA。

③叶绿素缺失突变体互补选择法。杂种细胞的选择是基于融合细胞具有正常叶绿素并能在特定培养基上生长的基础上进行的。选择培养基为适合白化和杂种细胞增殖的培养基。如在进行绿色拟矮牵牛和3个不同种白化矮牵牛杂种细胞筛选时,将融合原生质体培养在MS培养基上,绿色拟矮牵牛原生质体在很小细胞团阶段就死亡,白化亲本原生质体和杂种原生质体能够形成愈伤组织。在毛叶曼陀罗白化苗与异色曼陀罗和曼陀罗两个种正常苗种间杂种细胞筛选时,也获得了杂种愈伤组织。

上述建立在两种亲本原生质体遗传和生理特性差异基础上的选择系统,会因两种原生质体之间的互养而变得复杂化,使选择系统失效。有时须用两种原生质体的共培养作为对照进行辅助选择。

（2）机械选择法

机械选择法是利用融合细胞所具有的可见标记,在倒置显微镜下,用微管将融合细胞吸取出来进行选择的方法。常用的可见标记是叶肉细胞的绿色。

如果原生质体融合产物失掉可鉴别特征之前,不能分离出来单独培养,可在融合处理后,把原生质体以低密度植板置于琼脂培养基上,追踪个别杂种细胞及其后代。对没有亲本差异的原生质体融合细胞筛选时,还可以利用愈伤组织差异筛选。例如,在对烟草原生质体杂种细胞筛选时,用两个亲本的原生质体单独培养为对照,根据亲本愈伤组织与融合杂种细胞愈伤组织在色泽和质地上的差异筛选杂种细胞。

2）杂种植株鉴定

（1）形态学鉴定

根据茎、叶、花等组织的形态、颜色来鉴别杂种。亲缘关系较远时,杂种植株的形态倾向于亲本之一,与亲本间存在着细微差异,如茎、叶上毛分布的疏密程度、气孔大小及在叶背表皮上分布密度等。花粉败育也是远缘体细胞杂种的特征,可对其育性进行鉴定。

（2）细胞学鉴定

原生质体融合的亲本材料一般为二倍体，杂种细胞的染色体数应为双二倍体。如果亲缘关系较远的属间进行原生质体融合，两个亲本的染色体差异很大，可从染色体形态、大小和数目上加以区别。

（3）同工酶鉴定

同工酶鉴定是根据亲本和杂种同工酶谱的差异来鉴别杂种。体细胞杂种植株同工酶谱较两个亲本表现为酶带颜色加深、宽度加大，酶谱呈双亲酶带总和，有时还出现双亲都不具有的新谱带。如种间拟南芥+油菜、科间粉蓝烟草+大豆杂种细胞都有明显不同的同工酶重组。

（4）DNA分子标记鉴定

这是在DNA水平上对亲本和杂种植株遗传差异进行鉴定的一种技术。DNA分子标记鉴定技术能准确鉴定出生物个体间核苷酸序列间的差异，甚至是单个核苷酸的变异，成为鉴定杂种植株最有效的方法，如RFLP、RAPD、AFLP等。

4.4.3　体细胞杂种遗传特征

不同基因型亲本融合形成的体细胞杂种与其亲本比较具有一些明显不同的遗传特征，表现为细胞分裂和染色体数目的不稳定性、杂种植株的不育性等。

1）细胞分裂和染色体数目的不稳定性

亲缘关系较远的种、属间融合形成的杂种体细胞一般不发生核融合，形成异核体。异核体细胞常常不发生细胞分裂、或细胞分裂不同步导致细胞分裂失败、或细胞分裂几次后停止生长、或形成几十个细胞的细胞团后停止生长，致使亲缘关系较远的种、属间形成杂种的概率极低。即使远缘杂种细胞形成核融合，形成愈伤组织和再生杂种植株时，常出现某一亲本部分或全部染色体丢失现象。并且双亲亲缘关系越远，细胞分裂周期差异越大，染色体丢失现象就越普遍。染色体丢失程度与双亲亲缘关系的远近呈正相关。如胡萝卜+大麦科间体细胞融合没有得到杂种；胡萝卜+羊角芹、番茄+龙葵、番茄+马铃薯属间融合虽获得杂种，但杂种不能产生后代或可食用部分经济价值有待开发，如番茄+马铃薯杂种植株，能长成植株并开花，但所结果实非常小，无食用价值。只有近缘种间体细胞融合，才使杂种完整地保留两个亲本的染色体。

2）杂种植株不育性

体细胞杂交应用于作物育种和基因转移的前提是杂种具有再生能力和可育性。迄今为止，所获得的具有可育性的体细胞杂种再生植株多限于种间杂交，远缘杂种再生植株常常不育或育性很低。

4.4.4　细胞质工程

细胞质工程是研究真核细胞的核、质关系以及细胞器、细胞质基因转移的技术。传统上植株间进行细胞核基因转移的方法是连续回交，不仅周期长、投入大，而且细胞核基因并不能得到完全置换。随着原生质体分离和培养技术的成熟，原生质体作为良好受体系统，可以直接进行细胞核转移，打破常规育种界限，极大地缩短了育种年限；还可以获得细胞质杂种，进行细胞器、微生物和 DNA 片段的摄入,创制远缘或不同物种间的核质杂种或新物种。

1)细胞质杂种

应用细胞融合技术,使两种来源不同的核外遗传物质与一个特定的核基因组结合在一起,这种杂种称为细胞质杂种。如矮牵牛叶肉原生质体与爬山虎冠瘿瘤培养细胞原生质体融合后,选出一个携带爬山虎核和两个亲本细胞质的杂种细胞系,该杂种细胞系在一定时间内表现出某些矮牵牛的特性。在原生质体能够完全融合的情况下,细胞质杂种可以通过以下 4 条途径产生:一个正常原生质体与一个去核原生质体融合;一个正常原生质体和一个核失活原生质体融合;异核体形成后,两个核中有一个核消失;较晚时期染色体选择性地消除。

2)细胞器移植

为了更精确地研究细胞器遗传行为、种间细胞器的相互作用、创造新物种,可以将离体细胞器导入原生质体中,获得细胞质变异后代。在植物细胞器移植研究中,主要进行了叶绿体和细胞核的移植研究。

(1)叶绿体移植

叶绿体移植是指将原生质体和叶绿体群体混合培养,促使原生质体摄取游离叶绿体的方法。如烟草或矮牵牛原生质体与叶绿体混合培养时,能直接吸收正常叶绿体,但摄入率很低;利用 PEG 诱导胡萝卜原生质体摄入藻类叶绿体,发现 45% 的原生质体含有外源叶绿体。对叶绿体摄入过程的电镜研究结果发现,叶绿体摄入过程主要发生在 PEG 处理期间。由于 PEG 能引起叶绿体两层外膜融合,在原生质体摄入过程中,两层融合的膜又与原生质体质膜融合,促使叶绿体摄入,但同时也破坏了叶绿体的功能。

(2)细胞核移植

细胞核移植是指将原生质体和游离细胞核群体混合培养,导致原生质体摄取外源细胞核的方法。如矮牵牛、烟草、玉米的叶肉原生质体都可以摄取矮牵牛离体核,但原生质体摄入离体核的概率仅为 0.5%。通过方法的改良和 PEG 的利用,已能将禾谷类植物的细胞核导入玉米原生质体中,且导入率为 5% 左右。

(3)微生物移植

为了建立与高等植物细胞内的共生关系,形成新的植物种类,研究者试图将一些能显著改良作物特性的微生物,如固氮菌和绿蓝藻等,转入植物细胞中,通过与植物细胞的共生,产生新的非豆科固氮植物。如豆科植物离体叶肉原生质体可以摄取根瘤菌,摄取率为 5%。但这种摄取仅发生在原生质体游离期间,此时将细菌细胞加入酶混合液中,摄入才能发生。因为这时细胞出现质壁分离,细胞壁降解,导致质膜内陷形成许多泡囊,根瘤菌此时被泡囊裹入细胞中。PEG 也可以促使原生质体摄入微生物。已发现的能被植物原生质体摄入的微生物种类不多,主要有酵母细胞、藻类、根瘤菌等。

(4)外源 DNA 摄入

原生质体是单细胞,可与环境中的 DNA 充分接触,摄入外源 DNA。研究发现,可以利用 DNA 分子载体(质粒或病毒)等携带外源 DNA,然后将其导入受体细胞。这种外源 DNA 摄取方法不仅克服了 DNA 的降解,而且增加了遗传转化受体,使得植物的组织、器官和细胞都可能作为转化受体。

· 本章小结 ·

　　原生质体培养的主要目的是实现远缘物种间体细胞杂交、用于遗传转化的受体系统及多种基础研究的实验体系。已经在 300 余种植物中获得了原生质体培养成的植株。原生质体培养包括原生质体分离、纯化、培养及植株再生等步骤。原生质体分离方法包括机械分离法和酶解分离法。酶解分离法由于分离的原生质体不受材料来源的限制,且可获得大量的、有活力的原生质体等优点而得到普遍应用。常用的酶种类:纤维素酶类、果胶酶类、蜗牛酶和胼胝质酶等,这些酶的混合使用能得到较好的分离效果。原生质体纯化的方法有沉降法、漂浮法和不连续梯度法 3 种。纯化获得的原生质体需进一步进行活力测定,以保证实验的顺利进行。常用的原生质体活力测定方法有形态识别法、相差显微镜观察法、酚藏花红染色法、伊凡蓝染色法及荧光素二乙酸酯染色法。获得的有活力的原生质体需进行进一步的培养使其生成再生植株,原生质体培养的方法主要有固体薄层培养法、液体浅层培养法和双层培养法。经过一定时间的培养后,原生质体经过细胞壁再生,通过愈伤组织或胚状体途径形成再生植株。

　　在原生质体培养分离过程中,由于受到外界诱变因素的影响,常常出现各种遗传变异,即染色体数目和结构的变异及基因突变,再生植株与供体植株相比,具有可见的形态特征差异。

　　植物体细胞杂交包括原生质体融合和体细胞杂种选择系统。原生质体融合方法有化学融合法和电融合法。化学融合法根据所用化学试剂的不同分为硝酸钠融合法、高pH-高浓度钙离子融合法和 PEG 融合法。其中,PEG 融合法由于融合效率高、无种特异性等优点得到广泛应用。电融合法效率高、对原生质体伤害小、融合细胞数易于控制。体细胞杂种选择系统有互补选择法和机械选择法。互补选择法又根据双亲互补性状的不同可以分为营养代谢互补选择法、抗性突变体互补选择法和叶绿素缺失突变体互补选择法。杂种细胞筛选仅为体细胞杂种真实性的间接证据,需对所获得的杂种植株做进一步鉴定。鉴定方法有形态学鉴定、细胞学鉴定、同工酶鉴定和 DNA 分子标记鉴定。体细胞杂种在融合及杂种植株再生过程中常发生遗传变异,表现在细胞分裂和染色体数目的不稳定性及杂种植株的不育性。

　　利用所获得的原生质体还可以进行细胞质工程的研究。主要包括细胞质杂种的产生、细胞器的移植、微生物的移植和外源 DNA 的摄取等。

复习思考题

　　1.名词解释:原生质体培养;体细胞杂交;自发融合;诱发融合;异核体;杂种;化学融合法;电融合法。

　　2.植物原生质体的分离和培养有哪些主要步骤?

　　3.影响原生质体培养的因素有哪些? 如何获得大量有活力的原生质体?

　　4.体细胞融合有哪几种方法? 在遗传研究中有何作用?

　　5.体细胞杂种的鉴定方法有哪几种?

第 5 章
植物花药和花粉培养

▶▷ **学习目标**

- 深入了解植物花药和花粉培养的材料选择、制备与培养的方法,对花药、花粉的培养形成总体认识。
- 了解单倍体植株鉴定的基本方法,能够对培养的植株进行鉴定。

▶▷ **能力目标**

- 掌握花粉培养材料的选择和制备。
- 学会花粉再分化培养。
- 学会单倍体植株鉴定技术。

　　对于大多数高等植物来说,细胞内的染色体都是成对的,而在花药、小孢子等生殖细胞内,染色体的数目只有普通体细胞染色体数目的一半,所以称为单倍体。直到 20 世纪 60 年代,被发现的被子植物单倍体仅有 71 种,从属于 39 属 14 科。随着 1964 年花药培养获得首例单倍体植株的成功,各国掀起了研究单倍体的热潮。由于单倍体植株自然产生的频率极低,严重限制了其在作物改良上的应用和遗传学的研究。目前已经有苹果、葡萄、柑橘、草莓、荔枝、白菜、甘蓝、番茄、马铃薯、茄子、水稻、甜瓜、四季海棠、百合、风信子、矮牵牛等 52 属 160 余种植物诱导出单倍体。在单倍体培养领域,我国处于世界领先水平。

5.1 花药培养的基本概念

花药和花粉培养是指离体培养花药和花粉,使小孢子改变原有的配子体发育途径,转向孢子体发育途径,形成花粉胚或花粉愈伤组织,最后形成花粉植株,并从中鉴定出单倍体植株,并使之二倍化的细胞工程技术,如图 5.1 所示。

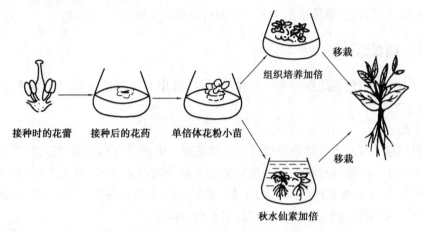

图 5.1 花药培养示意图

5.2 培养材料的选取与制备

选取适宜材料,做适当的处理,制备出适宜的初代外植体是取得成功的第一个重要环节。

5.2.1 材料选择

1)基因型的选择

母本材料的遗传背景对花药和花粉培养成败至关重要。不同物种间花药培养的反应存在很大差异。如切克的曼陀罗属、烟草属和禾本科的水稻容易诱导,而其他属诱导率较低。而同属内不同种或品种之间也存在差异。烟草属中很多种的花药和花粉对离体培养反应非常灵敏,花粉植株的获得率很高,但是其中的郎氏烟草花药和花粉培养却很难成功。

2)母本生理状态的选择

母本生理状态直接影响花药培养力。双子叶植物早期花蕾花药中花粉生活力高,诱导效果好。随着开花时间延长,随后形成的花蕾花粉生活力降低,花药培养的效果差。健壮母本花粉植株诱导率也明显高于弱株、衰老株。诱导率还与母本植物的生长条件有密切关系,母本处于氮饥饿状态有利于提高花粉培养的诱导力。春播的冬小麦比秋播的花粉诱导率高,田间栽培比温室栽培更有利于诱导。

3）花粉发育时期的选择

花药和花粉培养的关键在于选取花粉处于一定发育时期的花药。只有发育到特定时期的花粉，对离体刺激才最敏感。一般情况下，对大多数植物来说，单核期的花粉比较容易培养成功。确定花粉发育时期可采用涂片法，即找出小孢子发育的细胞学指标与花蕾发育的形态指标的相关性，取材则根据花蕾的形态指标来进行。具有无限数目花药的植物，在一个花蕾中具有数百个处于不同发育时期的花药，取材方便；而具有有限数目花药的植物，可以根据花蕾大小的不同，按顺序找出小孢子发育时期不同的花药。一般一个花蕾中几个花药的小孢子发育时期是同步的，通过镜检小孢子发育时期可以确定适宜取材的花蕾。

5.2.2 预处理

对材料进行适当的预处理有利于花粉的诱导，常用的花粉预处理方法有低温处理、高温处理、药剂处理等。

1）低温处理

花药和花粉培养的主要预处理措施是低温处理。多项研究均表明，低温处理能明显提高花粉胚的诱导率。不同的材料采用的低温处理温度和时间有差异，见表5.1。如烟草花药低温处理适宜在7~9 ℃下处理7~14天，小麦、黑麦、杨属的花药在1~3 ℃处理2~20天均可得到良好的效果，如果在高于5 ℃下预处理，则不利于诱导。

表 5.1 一些植物花药和花粉低温处理的温度和时间

植　　物	处理温度/℃	处理时间/d
水稻	7~10	10~15
小麦	1~3	7~14
玉米	5~7	7~14
大麦	3~7	7~14
番茄	6~8	8~12
烟草	7~9	7~14
黑麦	1~3	7~14
毛叶曼陀罗	1~3	7~14

2）高温处理

在芸薹属植物上发现用较高的温度32 ℃培养游离小孢子3天后，再于25 ℃下进行正常的培养，能大幅度提高花粉胚的诱导率。1995年，Liu的实验证明游离小孢子对高温的预培养敏感期在培养期最初的24~48 h，更长的给予培养并非必需，而在正常培养48 h后再给予高温也不起作用。

3）药剂处理

相关研究发现，经过适当的药剂处理也对花粉培养有帮助。1993年，卫志明等提出，甘露醇给予培养对小麦游离小孢子培养有促进作用；1972年，Bennett等发现在减数分裂前用乙烯利喷施小麦植株能促使花粉细胞核分裂，将这些花药置于培养基上可得到多达18个核的花粉,在水稻上也有促进花粉形成愈伤组织的作用。

另外,将花粉经离心、激光照射等处理,也有促进花粉启动诱导的作用。

5.2.3 外植体制备及接种

1) 花粉外植体消毒

花药和花粉培养中的表面灭菌通常先用70%乙醇浸润花蕾30 s左右,然后在饱和漂白粉溶液中浸泡10~20 min,或在0.1%氯化汞溶液中处理5~10 min,之后使用无菌水漂洗3~5次。一般情况下,表面灭菌在能杀灭花蕾表面微生物的前提下,处理的强度以尽可能轻为好。

2) 花粉外植体制备

花蕾经表面灭菌后,在无菌条件下剥取花药接种于培养基上。采用花药漂浮培养自然释放法和机械分离法制备花粉外植体。花药漂浮培养自然释放法的方法:把花药接种在加有Ficoll的液体培养基上,花药漂浮于液体表面经1~7天的培养,药壁开裂,花粉散落,过滤收集后接种培养。机械分离法经过分离、过筛和清洗3个步骤。

①分离:把花药放在玻璃容器中,加入一定量适当浓度的蔗糖溶液或直接加入适量液体培养基,用注射器内径轻轻挤压花药,将花粉挤出。

②过筛:把花药残渣和花粉混合液经一定孔径的过滤网过筛。孔径大小据花粉粒的大小进行选择。一般孔径应比花粉直径大10 μm左右。将带花粉的滤液注入离心管。

③清洗:把离心管中的液体置于100~1 000 r/min的速度下离心1~5 min。弃上清液,重新加入蔗糖溶液或培养基离心,弃上清液,重复2~3次。最后一次用培养花粉的液体培养基进行,以保证培养基成分的稳定性。最后,取出上清液加入适量液体培养基,使花粉的密度达到$10^4 \sim 10^5$个/mL。

5.3 植株再生

花药和花粉接种到培养基后,在适宜条件下,经过一段时间培养,小孢子发生脱分化,改变发育途径,通过器官发生型或胚状体发生型再生成完整植株。

5.3.1 离体小孢子的发育途径

离体小孢子的发育途径可归纳为3条:途径A、途径B和途径C。

1) 途径A

离体小孢子发育途径A起始于花粉营养细胞的营养核。单核小孢子第一次进行的细胞核裂为非均等分裂,形成一个营养核和一个生殖核。如果营养核第一次有丝分裂后,形成紧密核衍生细胞,则进一步发育成多细胞团的花粉粒,撑破花粉壁,形成胚状体;如果营养核第一次有丝分裂后,形成松散核的衍生细胞,则进一步发育成愈伤组织。生殖核也以两种方式发育:一是生殖核以游离核状态存在一个时期后退化;二是生殖核分裂1到数次后,作为花粉中的另一个细胞系,存在于多核花粉的一侧,有的直至球形胚形成时仍然存在,但生殖核都不参与胚状体的形成,如图 5.2 所示。

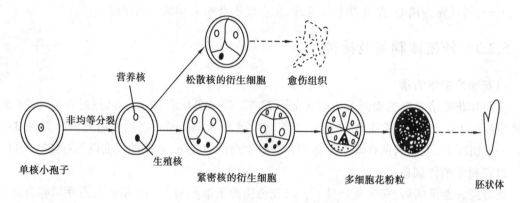

图 5.2　小孢子细胞途径 A 发育示意图

2)途径 B

离体小孢子发育途径 B 起始于花粉营养细胞。单核小孢子第一次进行的细胞核分裂为均等分裂,并接着发生细胞壁将小孢子分隔成大致相等的两个营养型细胞。这两个营养型细胞经过几次分裂后,形成多细胞花粉粒,撑破花粉壁以胚状体或愈伤组织形式释放出来。根据两个营养型细胞的发育形式不同,最终形成花粉胚、愈伤组织或多倍体等,如图 5.3 所示。

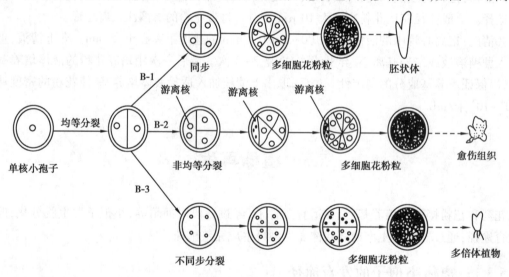

图 5.3　小孢子细胞途径 B 发育示意图

3)途径 C

离体小孢子发育途径 C 起始于营养核和生殖核。单核小孢子第一次进行的细胞核分裂为非均等分裂,形成一个营养核和一个生殖核。营养核和生殖核先发生融合,再进行细胞分裂,形成多细胞花粉,进一步发育成花粉植株。途径 C 的特点是生殖核和营养核共同参与花粉植株的形成。因营养生殖核融合方式不同,最终发育得到的花粉植株倍性有差异,如图 5.4 所示。

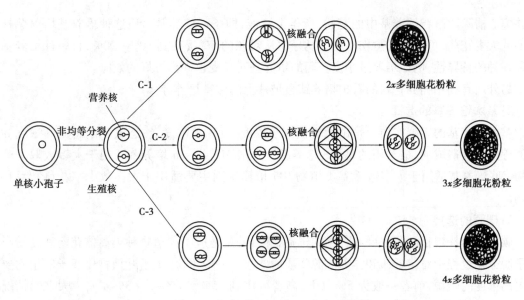

图 5.4　小孢子细胞途径 C 发育示意图

5.3.2　脱分化培养

脱分化培养是诱导花药和花粉改变原来的配子体发育途径,转向孢子体形成的重要环节。

1)培养方式的选择

（1）液体培养

液体培养是使接种的花药漂浮在液体培养基表面进行培养的方式。液体培养优于固体培养,但缺点是易造成培养物的通气不良,长时间的厌氧环境会严重影响愈伤组织分化苗的能力。在培养基中加入 30%Ficoll,以增加培养基的密度,使培养物浮出培养液表面,会改善培养基的通气状态。

（2）双层培养

双层培养即固体—液体双层培养基。其制作方法是,首先在 35 mm×10 mm 的小培养皿中铺加一层 1 mL 琼脂培养基,待固化之后,在其表面再加入 0.5 mL 液体培养基。双层培养基制作简便,但效果明显,这在大麦和小麦花药培养中都得到了证明。

（3）分步培养

将花药接种在含 Ficoll 的液体培养基上进行漂浮培养时,花粉可以从花药中自然释放出来,散落在液体培养基中,然后及时用吸管将花粉从液体培养基中取出,植板于琼脂培养基上,使其处于良好的通气环境,使得花粉植株的诱导率大大提高。这种花药—花粉分步培养方法已在大麦上取得了很好的实验结果,1 个大麦花药平均可产生 13 个绿色花粉植株。

（4）条件培养基培养

用预先培养过花药的液体条件培养基再次进行花药培养,可使花药培养效率大大提高。如在大麦花药培养中,将花粉处于双核早期的大麦花药,按每毫升培养基中接种 10~20 枚花药的密度,接种在含有 2,4-D 1.5 mg/L+ KT 0.5 mg/L 的 N6 培养基上,培养 7 天之后,去掉花

药并离心清除散落在培养基中的花粉,所得上清液,即条件培养基。用这种培养基培养单核中期的大麦花药,可使花粉愈伤组织的诱导率从对照的 5% 提高到 80%~90%,且条件培养基不存在种的特异性,例如培养过小麦花药的培养基对大麦也同样有好的效应。

另外还有利用哺养花粉的看护培养或盖玻片上的微室培养等。

2) 基本培养基的选择

基本培养基的影响实质上是由无机盐离子浓度、氮源总浓度、铵态氮和硝态氮的浓度和比值等的差异造成的,最常用的是 MS 培养基。一般 MS、Nitsch 培养基适用于大多数双子叶植物,N6 培养基适用于大多数禾谷类植物,B5 培养基则主要适用于大多数十字花科和豆科植物。

3) 碳源的选择

碳源的选择包括碳源浓度和种类的选择,其目的是适应不同植物种类离体花药和花粉小孢子脱分化过程中对渗透压和异养能源物质的要求。一般来说,单子叶植物比双子叶植物要求更高浓度的碳源,前者一般为 5% 以上,高者可用到 15%,后者一般 3% 左右。大多数情况下,采用蔗糖作为碳源都可获得较好的结果。但是在很多情况下,采用其他糖作为碳源可或多或少地提高培养的效果。例如,用葡萄糖代替蔗糖能明显地促进小麦花粉胚的形成,麦芽糖和纤维二糖在大麦花药培养中的效果也明显优于蔗糖。

4) 生长调节物质的选择

除烟草、天仙子、曼陀罗等植物可在无激素的简单培养基上诱导出花粉胚和植株外,大多数植物的离体花药和花粉培养能否改变原来的配子体发育方向而转向孢子体发育主要取决于生长调节物质的种类和浓度。在花药培养的不同阶段,所用激素的种类和浓度也不同。

在脱分化时期,细胞分裂素和生长素的共同作用是必要的,常用的生长素类如 2,4-D、IAA、IBA、NAA;细胞分裂素类如 KT、6-BA 等,浓度范围 0.1~6.0 mg/L 不等;在分化培养期,细胞分裂素是主要诱导激素,配合使用生长素。其他激素对分化也有一定的作用,如 KT、GA、ABA 等。

5.3.3 再分化培养

花药和花粉培养再分化形成植株的途径可归纳为两大途径,即胚状体途径和器官发生型途径。通过胚状体途径产生植株可分为两种情况:一是从离体培养的花药和花粉直接产生胚状体,即直接胚状体发生;二是离体培养的花药和花粉先形成胚性愈伤组织,然后再由胚性愈伤组织分化出胚状体,即间接胚状体发生。

在诱导芽和根的培养中,不同种类的植物要求的生长素和细胞分裂素种类、浓度和配比是不同的。应采用尽可能低浓度的生长调节物质,否则会使诱导出的花粉植株过于纤弱,甚至形成白化苗。

5.3.4 炼苗和移栽

对于胚状体途径再生出的花药和花粉胚状体,应及时转入壮苗培养基上培养,并使之正常、顺利生长,避免这些幼嫩的小苗雏形再度脱分化、愈伤组织化。壮苗培养基就是含很少量生长调节物质,甚至根本不含生长调节物质,或只含若干种大量元素的简单培养基。

在花药和花粉试管苗移栽前,应进行炼苗,方法是逐步降低培养容器内的空气湿度,逐步增强光照强度,可逐渐开大培养容器的封口,先在室内自然散射光下培养 2 天,然后置于温室内培养 2~3 天。移栽时应洗净试管苗上的培养基,植入适宜的营养土中。移栽后注意温度、空气湿度和光照强度的调控,应根据不同植物对这些条件的要求进行相应的管理。如水稻性喜高温,25~30 ℃的温度和较强的光照是适宜的;而小麦和油菜等冬性作物,则以 10~15 ℃为宜,如果花药和花粉植株在盛夏时形成,则可将幼苗放入 3~50 ℃的冰箱中贮存,待天气转凉后再移植入土;玉米移栽后需要保持在 20 ℃左右,85%以上的空气湿度。

5.4 单倍体植株鉴定和染色体加倍

由于花粉培养过程中存在着体细胞干扰和生殖细胞自发加倍等现象,培养获得的植株倍性比较复杂。因此,必须对获得的花药和花粉植株进行倍性鉴定。

5.4.1 花药和花粉植株的倍性

由花药和花粉培养获得的植株,除单倍体外,还有二倍体、多倍体和非整倍体,并且单倍体比例较低。据统计,2 496 株水稻花粉植株的染色体数目,单倍体植株约占 35.3%,二倍体占 53.4%,多倍体和非整倍体占 5.2%,两种或 3 种不同倍性混生的植株约占 6.1%。在小麦花粉植株中,染色体数目变化更大,从 11~77 条染色体的各种植株都有。在葡萄上,有时花药和花粉植株中根本就没有单倍体。

花药和花粉植株的倍性与植物的种类、接种材料的类型、接种花粉的发育时期、培养基中的激素种类和浓度、花粉植株发生的方式及愈伤组织继代培养时间的长短等因素都有关系。例如,烟草花药和花粉植株的单倍体发生频率远高于其他植物,花粉再生植株的单倍体频率又高于花药再生植株,生长调节物质含量较高的培养基上产生的愈伤组织比不加激素的基本培养基上产生的愈伤组织的二倍体比例明显增大;通过胚状体途径(尤其是在外植体上直接形成胚状体)的比通过器官发生型途径的单倍体频率要高得多;愈伤组织继代培养时间越长,单倍体发生频率越低。

5.4.2 花药和花粉植株倍性的鉴定

1) 形态鉴定
通过观察花药和花粉植株的形态特征进行染色体的倍性鉴定。形态鉴定一般包括植株特征(如株高、开展度、叶片宽窄)、气孔数目和大小、花器特征(如花朵大小、柱头长短、花粉多少及发育程度等)。例如,单倍体植株的形态为植株瘦弱、叶片窄小、花小柱头长,多倍体植物的形态为植株倒壮、叶片宽大、花大柱头短。一般而言,倍性越高气孔越大,单位面积气孔数目越少;单倍体和三倍体花粉败育,不着色;四倍体只有部分花粉正常,能着色。

形态标记简单直观,尤其适合对田间大群体的筛选鉴定。但形态标记数量少,受环境条

件和人为经验的影响大,同一标记性状的基因不同遗传背景相互作用可能表现不相同,影响鉴定的准确性。因此,形态标记一般只用于对大量材料进行初步筛选鉴定。

2)结实性鉴定

通过观察植株的结实性来鉴定花药和花粉植株。例如,单倍体植株、三倍体植株和非整倍体植株虽然都能开花但不结实;二倍体植株则开花结实都正常;四倍体植株虽能开花但结实性不良,但经过长期选择淘汰,其结实性可能提高。

3)细胞学鉴定

染色体数目是花药和花粉植株倍性的直接证据,因而是花药和花粉植株倍性鉴定的必要项目。植株染色体数目的鉴定通常采用涂片法或压片法检查根尖或茎尖染色体数目。具体操作程序主要包括预处理、固定、解离、染色、压片、镜检、封片等程序。方法可靠,但费时费力,程序繁杂。

4)遗传标记鉴定

(1)生化标记鉴定

生化标记是指以基因表达产物蛋白质为主的一类标记系统,常用的为同工酶标记。可用的同工酶标记有酯酶、过氧化物酶、α-淀粉酶等。由于生化标记是基因表达的直接产物,因而受环境影响小,其检测也相对简便,故可作为花药和花粉植株倍性鉴定的有用工具。但生化标记数量少、受植株个体发育阶段及取材部位等因素的影响,多态性较低,在应用上受到一定限制。

(2)分子标记鉴定

分子标记是近年发展起来的以 DNA 分子变异为基础的遗传标记。分子标记检测的是植物基因组 DNA 水平的差异,与上述遗传标记相比,具有多态性高、无上位性、结果直接、具有共显性等优点,可提供完整的遗传信息。分子标记正在花药和花粉植株倍性鉴定中得到越来越广泛的应用。目前,在花药和花粉植株倍性鉴定中,常用的分子标记有 LP、RAPD、SSR、AFLP 等。

5.4.3　花药和花粉单倍体植株的染色体加倍

花药和花粉单倍体植株有自然加倍的可能,但加倍的频率通常很低,因此,一般还需对鉴定出的花药和花粉单倍体植株进行人工加倍。花药和花粉单倍体染色体加倍最常用的是秋水仙素加倍法。

1)常规条件下处理

用 0.02%~0.4%秋水仙素处理花药和花粉单倍体植株,处理方式和部位根据植物种类而定,禾本科植物的处理应在分蘖期进行,将分蘖节以下部分浸泡在 0.1%左右秋水仙素溶液中2~3 天。处理后用流水冲洗 0.5 h,然后栽入土中,以后从结实获得的植株中鉴定出加了倍的材料。木本植物用浸透 0.1%~0.4%的秋水仙素的棉球放置在植株顶芽和腋芽生长点处,一般处理 2~3 天,处理期间要注意添加药液,以后从处理过的顶芽和腋芽萌发出的枝条中,鉴定出加倍的材料,并采用适当的方法,分离和繁殖出来。

2)组织培养条件下处理

常用的方法有两种:一是在培养基中加入秋水仙素进行培养;二是在培养过程中单独用

秋水仙素溶液浸泡培养材料然后置于不含秋水仙素的培养基中培养。单独用秋水仙素溶液处理培养材料,一般采用的浓度范围为0.01%~1.0%,时间范围为数小时至数天;而在培养基添加秋水仙素的处理方式中,秋水仙素浓度一般为每升几毫克至几百毫克。从经过处理的材料中鉴定出已加倍的植株。

· 本章小结 ·

花药和花粉培养是制备植物单倍体的主要途径。采用花药和花粉培养制备植物单倍体包括3个步骤,即培养材料的选取与制备、植株再生和单倍体植株鉴定与染色体加倍。在材料的选取与制备中,应从基因型、花粉发育时期、生理状态等方面选取适宜的培养材料,然后可进行低温、离心等预处理,最后制备成花药和花粉培养外植体。植株再生,即根据离体小孢子的发育途径,采取适当措施使小孢子改变原有的配子体发育方向而转向孢子体发育方向形成植株,主要包括脱分化培养,再分化培养和炼苗与移栽等环节的工作。花药和花粉培养获得的再生植株并不都是单倍体,因此必须对花药和花粉植株进行倍性鉴定。鉴定方法有形态鉴定、结实性鉴定、染色体数目鉴定和遗传标记鉴定等。

 复习思考题

1.植物单倍体有什么意义?

2.植物花药和花粉培养一般包括哪些步骤?

3.如何选择合适的花药和花粉材料进行培养?

4.植物离体小孢子的发育途径有哪些?

5.怎样进行花药和花粉脱分化培养和再分化培养?

6.如何对花药和花粉植株进行倍性鉴定?

7.怎样对花药和花粉单倍体植株进行染色体加倍?

第 6 章

植物胚胎培养和人工
种子

▶▷ **学习目标**

- 深入了解植物胚胎培养、离体授粉受精的概念及意义,深入了解植物胚胎培养的基本方法及影响因素,对植物胚胎培养形成总体认识。
- 了解人工种子的概念及技术,对植物胚胎培养的工厂化生产有一定的认识。

▶▷ **能力目标**

- 掌握植物胚胎培养技术。
- 学会离体授粉受精技术。
- 学会人工种子技术。

植物胚胎培养在植物育种中的应用已经有一个世纪的历史,是指胚或具胚器官在离体无菌条件下发育成幼苗的技术,主要包括成熟胚培养、幼胚培养、子房培养、胚珠培养、胚乳培养和离体授粉技术。在植物育种中远缘杂交的一个难题是杂交不孕不育现象,不孕的原因可能是杂交不亲和,也可能是幼胚败育,对于杂交不亲和可以通过离体授粉技术解决,对于幼胚败育可采用幼胚、胚珠、子房培养等胚培养技术进行挽救。通过胚胎培养可以对植物进行快速繁殖,还可以为植物转基因筛选受体材料。另外,通过胚胎培养可获得被子植物三倍体植株,通过未受精胚珠和子房培养,获得单倍体植株。

人工种子又称合成种子或体细胞种子,是指将植物离体培养中产生的胚状体包裹在含有养分和保护功能的人工胚乳和人工种皮中所形成的类似种子的单位。被诱导的植物种类和诱导繁殖体方法在不断增加,使人工种子内涵不断扩展,即任何一种繁殖体,无论包裹与否,只要能够发育成完整植株,均可称为人工种子。

6.1 植物胚胎培养的概念和应用

6.1.1 胚胎培养的概念

胚胎培养是指使胚或具胚器官(如子房、胚珠等)在离体无菌条件下发育成幼苗的技术。广义的胚胎培养研究还包括胚乳培养和试管受精等技术。

1) 胚培养

胚培养指在无菌条件下将胚从胚珠或种子中分离出来,置于培养基上进行离体培养的方法。植物受精后即开始胚胎发育,其过程包括从合子第一次分裂,幼胚形成直至发育为成熟胚。因此,离体胚培养可包括胚胎发育过程中各时期的胚。胚胎培养目的的不同,要求剥取的离体胚发育时期也不同,依照剥取离体胚的发育时期将胚培养分为幼胚培养和成熟胚培养。成熟胚培养一般指子叶期至发育成熟的胚培养,其培养较易成功。幼胚培养则指胚龄处于早期原胚、球形胚、心形胚、鱼雷胚的培养。胚培养技术已用于克服杂种胚的早期败育和打破种子休眠等目的。

2) 胚乳培养

胚乳培养指处于细胞期的胚乳组织的离体培养。胚乳是独特的组织,它的功能是为胚发育和种子萌发提供营养。被子植物的胚乳是双受精的产物,大多为三倍体组织,并且是一种均质薄壁组织。有些种子无胚乳,如豆科和葫芦科种子。

3) 胚珠培养

胚珠培养是指未受精或受精后的胚珠离体培养。未受精胚珠培养可为离体受精提供雌配子体,也可诱发大孢子发育成单倍体植株用于育种。而受精后胚珠培养对研究合子及早期原胚的生长发育、促进胚的发育等具有意义。

4) 子房培养

子房培养是指授粉和未授粉的子房培养。它对于研究果实发育的生理、离体受精等有重要意义。

5) 试管受精

试管受精指在无菌条件下培养离体的未受精子房或胚珠和花粉,使花粉萌发产生的花粉管进入胚珠从而完成受精过程。这一技术在获得植物远缘杂种和克服自交不亲和性等方面有重要意义。

6.1.2 胚胎培养的应用

1) 克服远缘杂交的不育性,获得稀有杂种植物

植物界在长期自然选择条件下产生了两种受精隔离机制,即异花传粉植物拒绝自花受精和异花传粉植物拒绝异种受精。在高等植物种间和属间远缘杂交中,拒绝异种受精往往会遇到以下育性障碍:花粉在异种植物柱头上不萌发;花粉管生长正常但胚往往由于胚乳败育等

原因而败育;合子由于缺乏同源染色体无法配对而败育。因此,远缘杂交中难以得到种子。用试管受精技术可以克服受精前或受精后的障碍;用幼胚培养技术可使杂种幼胚发育成熟,使远缘杂交或杂交育种获得成功,如白菜和甘蓝杂交获得的杂交种——白蓝,如图6.1所示。

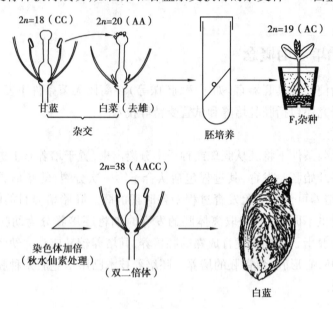

图6.1　通过胚胎培养育成的杂种白蓝

2)打破种子休眠,提早结实,缩短育种年限

兰花、天麻种子成熟时,多数胚处于原胚阶段尚未达到成熟。银杏种子内的胚也需4~5个月吸收胚乳营养后才成熟。如果将上述种子胚胎分离并进行培养就能使其打破休眠提早萌发成正常植株;鸢尾属植物种子中因含有抑制胚胎生长的稳定抑制性物质,使胚不发育而休眠数月至数年。用胚培养可在2~3个月内得到幼苗,使鸢尾从种子至开花的周期由2~3年缩短为不到1年。

3)使生活力低下或无生活力的种子萌发

许多落叶果树,特别是杂种多产生早熟、生活力低下甚至无生活力的种子,利用胚胎培养可使种子萌发,提高萌发率。这在洋梨、桃、苹果、樱桃等多种果树中已获成功。如"京早3号"早熟桃进行胚培养可以克服播种出苗不齐的现象,成熟期比一般桃提前15~20天,果实提前供应市场可获较大的经济效益。另外,其他长期营养繁殖的植物种子也常无生活力,如芭蕉、芋等。胚胎培养可以克服种子自然不育性,促使其萌发成幼苗。因此,胚胎培养对自然不育植物的杂交育种有特殊意义。

4)使柑橘类等植物合子胚正常发育

芸香科柑橘类为多胚植物,种子内存在大量珠心胚。由于珠心胚生活力很强,杂种胚生活力低,因而往往得不到合子胚后代,影响杂交育种结果。利用胚培养技术可尽早取出合子胚进行培养,从而获得杂种后代,如锦橙×枳的杂种胚培养。

5)测定种子生活力

用常规的种子萌发试验测定休眠后的种子生活力需要很长时间,特别是木本植物一般需层积处理打破休眠。Tukey发现未经层积处理的种胚,离体培养条件下不仅可快速萌发,且萌发速率一致。因此,这一方法被认为是一种快速而有效的测定种子生活力的方法。

6) 获得三倍体或单倍体植株

因被子植物胚乳细胞大多为三倍体,胚乳培养可以获得三倍体植株,从而使植物胚胎培养成为一种育种新途径,即用胚乳培养的方法代替四倍体和二倍体杂交产生三倍体,用于果树、瓜类等经济作物产生无籽果实。另外,对远缘杂种的胚进行培养时,可以通过染色体排除法获得单倍体。如在大麦属种间杂种的胚培养中发现,一个种的染色体逐个被排除,成活植株仅具另一个种染色体数目的单倍体。

7) 快速繁殖特殊植物

有些椰子不能产生液体胚乳而产生柔软的肥厚组织,这种果实因稀而价格昂贵。其种子在正常情况下不萌发,使用胚胎培养技术可达到快速繁殖的目的。

6.2 植物胚培养

20 世纪 20 年代,Laibach 进行了亚麻属种间杂种胚的培养,获得了杂种植株,首次证实了胚培养技术在实用中的重要价值。随后人们又成功地培养了苹果、桃、李等多种果树的胚胎。我国李继侗等成功地培养了银杏离体胚,并发现银杏胚乳提取液对胚的生长具有促进作用,20 世纪 40 年代,罗士韦、王伏雄培养云南油杉、铁坚杉幼胚也获得成功。

6.2.1 胚培养的方法

1) 成熟胚培养

成熟胚培养只需极简单的培养基,即含无机盐和糖的培养基,对营养条件的要求不严格,主要用于繁殖不易萌发的植物,或研究胚和胚乳以及子叶的关系等。成熟胚储有丰富的营养,在简单的培养基上即可培养,方法比较简单。将受精后成熟或未成熟种子或果实用 70% 酒精表面消毒,再用 0.1% 升汞溶液或饱和漂白粉溶液消毒,无菌水反复冲洗。在无菌操作台上,直接或在解剖镜下剥取胚接种在培养基上,常规条件培养即可,如图 6.2 所示。

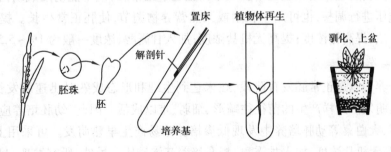

图 6.2 胚培养过程

2) 幼胚培养

未成熟幼胚完全是异养的,离体条件下培养要求培养基成分复杂,培养不易成功。但随着对离体胚营养需要的了解,Van Overbeek 在培养基中加入了 CM、麦芽提取液等天然复合

物,使 0.1~0.2 mm 的早期原胚能发育成植株。胚龄越小,要求培养基组成也越复杂,见表 6.1。目前幼胚培养也仅限于大麦、烟草、荠菜等少数植物。幼胚培养在具体做法上与成熟胚培养基本相同,但幼胚剥离必须在高倍解剖镜下进行,操作难度大,技术要求高。

表 6.1　荠菜不同发育时期胚培养的营养需要

胚　龄	胚长度/μm	营养需要(培养基营养)
早球形胚	20~60	尚不清楚
后球形胚	61~80	大量元素、微量元素、维生素 B_1、维生素 B_6、烟酸、2%糖、IAA 0.1 mg/L+KT 0.01 mg/L
心形胚	81~450	大量元素、微量元素、维生素 B_1、维生素 B_6、烟酸、2%糖
鱼雷胚	451~700	$Ca(NO_3)_2$ 480 mg/L、KNO_3 63 mg/L、KCl 42 mg/L、$MgSO_4$ 63 mg/L、KH_2PO_4 42 mg/L、维生素 B_1、维生素 B_6、烟酸、2%糖
成熟胚	700	$Ca(NO_3)_2$ 480 mg/L、KNO_3 63 mg/L、KCl 42 mg/L、$MgSO_4$ 63 mg/L、2%糖

6.2.2　离体胚形态发生及影响因素

1)离体胚培养形态发生

进行幼胚培养,常见的离体胚生长方式有正常胚胎发育、胚性发育、早熟萌发和产生愈伤组织。

(1)正常胚胎发育

正常胚胎发育是指未成熟胚在适宜的培养条件下,可以维持胚的生长,继续进行正常的胚胎发育过程,直至形成再生植株。

(2)胚性发育

胚性发育指幼胚生长增大至正常胚大小甚至超过正常胚,但不能萌发成幼苗。可通过提高培养基渗透压进行调整,也可用生长素或天然营养物调节,使胚正常生长。提高培养基渗透压常用的方法:提高糖浓度;提高无机盐浓度;加入甘露醇,浓度一般为 1%~5.5%。

(3)早熟萌发

幼胚在培养中越过正常胚发育阶段,在未达到生理和形态成熟时迅速萌发长成幼苗,这一现象称早熟萌发。这样产生的苗往往畸形、细弱、难以成活。因此,幼胚培养应防止早熟萌发。在向日葵、大白菜等动胚培养中发现低渗培养基易产生早熟萌发。可采用上述方法(提高糖浓度、提高无机盐浓度、加入甘露醇)提高培养基渗透压。另外,研究发现,ABA、CH 具有抑制早熟萌发作用,而 GA_3 则可诱发早熟萌发。

(4)产生愈伤组织

在幼胚培养中常能在追加生长调节剂时诱发愈伤组织产生,进而分化形成胚状体或不定芽。这最先被 Curtis 等在培养兰科植物种子时发现,后为其他研究者证实。幼胚愈伤组织再生能力很强,特别是在禾谷类植物的幼胚愈伤组织。

2)离体胚培养影响因素

（1）培养基

①种类。胚培养是否成功,在很大程度上取决于对培养基的选择。胚的成熟程度不同,所用的培养基种类也不同。成熟胚的培养基有 Tukey（1934）、Randilph & Cox（1934）、White（1963）等;未成熟幼胚培养基有 Rijven（1952）、Rappaport（1954）、Rangaswamy（1961）、Norstog（1963）、Nitsch（1953）、MS（1962）等。

②渗透压。培养基渗透压对幼胚培养也至关重要,渗透压调节主要依赖于糖。蔗糖是最好的碳源和能源物质,可维持培养基适当的渗透压,并且还可防止早熟萌发。不同发育时期的胚要求的蔗糖浓度不同,通常胚龄越小要求蔗糖浓度越高。适于原胚培养的蔗糖浓度一般为 8%~12%。例如,曼陀罗前心形胚（小于 0.3 mm）要求糖浓度为 8%,后心形胚为 4%,鱼雷胚则为 0.5%~1%,而成熟胚培养不需加糖。确定适宜蔗糖浓度的方法是在接种前将幼胚剥出后放入若干浓度糖溶液中,观察质壁分离现象,以确定最佳等渗溶液浓度。

③pH 值。培养基 pH 一般为 5.2~6.3。但也因植物种类不同而有差异,如荠菜 pH 为 5.4~7.5,水稻 pH 为 5~9,大麦 pH 为 4.9~5.2。

（2）附加物

培养基附加物包括氨基酸类、维生素类、天然提取物、生长调节剂等几类。

（3）环境条件

胚在离体培养时,除与培养基成分密切相关外,环境条件也影响胚生长。通常认为,对于幼胚培养,弱光和黑暗更适宜,因为胚在胚珠内发育是不见光的,但达到萌发时期需要光。光有利于胚芽生长,黑暗有利于胚根生长,因此,以光暗交替培养更佳。具体情况还应根据植物种类决定。对大多植物胚培养要求温度以 25~30 ℃为宜,因植物不同也存在一定差异。需较低温度的如马铃薯胚培养则以 20 ℃为宜,而棉花胚培养要求以 32 ℃生长最好。

（4）培养材料

植物胚培养材料的基因型和胚发育阶段即成熟度对离体胚培养也有重要影响。一般越幼嫩的胚越难以培养。

6.3　植物胚乳培养

胚乳培养是指将胚乳组织从母体上分离出来,通过离体培养技术使其发育成完整植株的技术。1933 年,Lampe 和 Mills 首次尝试玉米胚乳培养。到目前为止,有 40 余种植物胚乳培养获愈伤组织,其中苹果、柚、枸杞、猕猴桃、玉米等 10 余种获再生苗。其中,中华猕猴桃、枸杞的胚乳试管苗已大量移栽至大田成活。

6.3.1　胚乳培养方法和培养后代特征

1)胚乳培养方法

（1）外植体取材

取带胚乳细胞的种子或果实表面灭菌后，无菌条件下剥离胚乳组织，不同植物材料胚乳发育类型及发育时期直接影响外植体取材时期以及胚乳细胞产生愈伤组织。

①胚乳发育类型。被子植物胚乳的发育类型分为核型、细胞型和沼生目型，其中核型胚乳占大多数，而核型胚乳游离核时期材料离体培养却很难成功。另外，许多无胚乳种子如梨、杏等果树，必须在胚乳组织解体前取材培养。

②发育时期。胚乳发育时期大致分为早期、旺盛生长期和成熟期。一般旺盛生长期为最佳取材时间，愈伤组织诱导率可高达 60%~90%。在此阶段胚分化已完成，胚乳已形成细胞，几乎达到成熟的大小，外观为乳白色半透明固体，有弹性。如玉米、小麦的最佳取材时间为授粉后 8~11 天，大麦为授粉后 5~8 天，黄瓜为授粉后 7~10 天。

（2）培养基选择

①基本培养基。诱导愈伤组织常用的基本培养基是 MS、LS 和 White。适当添加生长调节剂如 2,4-D 或 NAA 0.5~2.0 mg/L，6-BA 或 KT 0.1~1.0 mg/L，蔗糖浓度为 2%~4%。大多植物的胚乳组织培养是先诱导愈伤组织，然后再分化形成植株。因此，不同植物愈伤组织诱导需要的激素种类和水平不同。单子叶植物常用一定浓度 2,4-D、NAA 和 IAA，而双子叶植物往往需细胞分裂素配合生长素使用效果更佳。愈伤组织分化常用的培养基是 MS 和 White，添加 6-BA 或 KT 0.5-和 NAA 0.05~0.5 mg/L 或 IAA 0.5~2.0 mg/L；生根培养基本培养基有 1/2 MS 和 White，添加 NAA 0.5 mg/L 或 IBA 1~5 mg/L。

②有机添加物。各种植物胚乳组织的培养对培养条件要求类似。例如，最早培养玉米胚乳时，培养基中分别附加了番茄汁、葡萄汁、青玉米汁、酵母浸出物、CM 等，其中以 20% 番茄汁效果最好，但缺点是作用不稳定。后来研究发现酵母浸出物在很大程度上可代替番茄汁，水解酪蛋白也有类似效果。

③"胚因子"。胚在胚乳培养中的作用问题，早期研究认为，胚是必需的，胚乳诱导愈伤组织产生后可移去胚。胚乳愈伤组织的诱导和增殖均依赖胚中的某种"胚因子"提供培养。但"胚因子"如何作用还有待于进一步研究。一般而言，成熟胚乳培养带胚效果明显，而未成熟胚乳培养则可不带胚。

④pH 值。培养基最适 pH 因种而异，如玉米 pH 为 6.1~7.0，蓖麻 pH 为 5.0，苹果 pH 为 6.0~6.2。

2)胚乳培养后代特征

成熟胚乳培养和未成熟胚乳培养可诱导产生愈伤组织或直接进行器官分化。愈伤组织一般由胚乳表层细胞分裂产生，愈伤组织形成由个别部位细胞开始并由于生长速度在不同部位有差异而使胚乳表面形成若干瘤状突起。培养的愈伤组织有的可分化出管胞分子，有的则完全由薄壁细胞组成。一般而言，生长较慢、结构致密的愈伤组织管胞分化程度较高。而只有能分化的胚乳愈伤组织才能产生器官分化。

长期培养的胚乳愈伤组织,细胞染色体数目常发生变化,变成多倍体、非整倍体等。引起这种现象的原因可能是培养基中某些成分的作用,或胚乳本身(核型)在活体时,就会出现多倍体细胞嵌合现象。在巴豆、麻风树、玉米、黑麦草和大麦胚乳培养中细胞分裂异常现象很普遍。而在一些桑科植物、罗氏核实木、豌豆等胚乳愈伤组织中细胞染色体组成相对稳定。

胚乳组织培养再生植株,不一定保持原来倍性。用胚乳试管苗根尖等细胞进行染色体镜检,发现有二倍体、三倍体、多倍体和非整倍体植株,且三倍体只以很小的比例存在。有的植物由胚乳组织分化的小植株或器官大多是三倍体,在形态上和解剖学特征上与合子胚形成的植株相似。

6.3.2　胚乳培养器官发生

1)胚乳培养器官发生途径

1965 年,Johri 等培养檀香科柏形外果植物胚乳时发现了胚乳直接分化出了茎芽。胚乳组织培养器官发生途径常见的是胚乳组织先增殖形成愈伤组织,再分化形成茎芽。把茎芽剥离后继续培养,则又能形成愈伤组织,由此再诱导分化出茎芽。另外,桑寄生科植物胚乳组织也可直接诱导产生茎芽。胚乳组织培养再生植株也可通过愈伤组织产生胚状体途径,如柑橘、枣、猕猴桃等。

2)胚乳培养器官发生影响因素

使胚乳组织培养分化茎芽,必须使用外源细胞分裂素。其中 2ip、激动素使用效果明显。与细胞分裂素促进其他组织产生茎芽不同,胚乳组织的茎芽形成是细胞分裂素诱导的结果。CH 的添加对某些植物胚乳培养也有促茎芽分化的效果。另外,在桑寄生科钝果寄生胚乳培养中,胚对胚乳茎芽分化有不利的作用,但带胚诱导出的芽后来发育情况良好。胚乳接种方式对茎芽分化和分布也有显著影响,切口向下接触培养基时诱导产生的茎芽数量最多。

6.4　植物胚珠和子房培养

植物胚珠和子房培养指已授粉和未授粉胚珠和子房的离体培养。未授粉胚珠和子房培养是离体受精的基础,正如花粉培养因技术难度大而采用花药培养易成功一样,未授粉胚珠和子房培养也可诱发大孢子发育成单倍体植株,且孤雌生殖产生的单倍体植株获得率较孤雄生殖高。对已授粉胚珠和子房进行培养,可对合子及早期原胚离体培养过程进行研究,使早期原胚发育成苗。

6.4.1　胚珠培养

胚珠培养最早的尝试性工作开始于 1932 年,1942 年首次在兰花上获得成功,得到了种子。1958 年,培养授粉后 5~6 天罂粟胚珠成功,此时胚珠中仅含合子或两个细胞的原胚。20世纪 70 年代末 80 年代初,开始进行未授粉胚珠培养,培养了未授粉非洲菊和烟草胚珠,并经愈伤组织阶段分化成单倍体植株。

1)培养方法

从花蕾中取出子房,表面消毒后在无菌条件下剥取胚珠,接种培养。培养基常用 Nitsch、MS、N_6、B_5 等,添加 IAA、IBA、2,4-D 等激素和 YE、CM、CH 等营养物质及糖和维生素。

2)离体胚珠培养成功的关键

(1)材料基因型

无论是已授粉胚珠还是未授粉胚珠培养,不同基因型材料之间对诱导率激发情况都表现出明显差异。

(2)发育时期

已授粉具球形胚或更后期的胚珠易培养成种子,培养基及添加成分相对要求不高。而受精不久的胚珠则需要成分复杂的培养基,培养难度大。未授粉胚珠培养、胚囊发育时期与成活率有关。

(3)胎座组织

胎座组织或部分子房组织对受精后胚珠离体培养促胚生长有重要作用。即使早期原胚在较简单培养基上,也可由胎座组织促胚发育。胎座组织对胚生长发育影响的作用机理还不清楚,可能是其中含有与形态发生有关的物质。

(4)附加成分

培养基中添加某些生长调节剂或天然营养物对许多胚珠培养有效,如添加 CM 和 IAA 可促进橡胶胚珠培养胚的生长。

6.4.2　子房培养

1942 年,对落地生根、番茄、连翘授粉小花进行了培养,结果子房增大且有花柄生根。1949 年与 1951 年,Nitsch 培养了番茄、小黄瓜、菜豆等传粉前或传粉后的子房,其中已授粉的黄瓜和番茄的子房在简单培养基上发育成了有种子的成熟果实,未授粉番茄子房在添加生长素的培养基上发育成了小的无籽果实,说明未授粉子房培养诱导单倍体难度很大。1976 年,San Noeum 才从未授粉大麦子房培养中得到了单倍体植株。随后子房培养在水稻、小麦、烟草、向日葵、玉米等植物中也获成功。

1)子房培养方法

受精后子房仍需进行表面消毒后再接种。而未受精子房可将花被表面消毒后,在无菌条件下直接剥取子房接种。子房培养对培养基要求不严,如 MS、White、Nitsch 等均可。需添加适量的有机成分和激素。

2)影响子房培养成功的因素

(1)材料选择

未授粉子房培养在不同植物及同一植物不同品种之间诱导产生单倍体植株频率有明显差异,也与植物基因型密切联系。此外,不同胚囊发育时期对诱导频率也起着关键作用。

(2)花被组织

传粉后子房培养花被显示出有利效应。如单子叶禾本科植物保留颖片或稃片有利于胚发育。双子叶植物花萼或花冠也有同样效果。

（3）生长物质

子房培养只需较简单的培养基即可形成果实,并含成熟种子。培养基中加入合适的生长调节剂能促进子房生长,但对胚珠和胚的发育一般无正面影响。离体培养的子房常常不能长成正常大小。如果要诱导子房性细胞或体细胞产生愈伤组织或胚状体再生成植株,则需要添加一定的外源激素。如大麦子房培养中添加 2,4-D 0.5 mg/L、NAA 1 mg/L 和 KT 1 mg/L,则可通过胚状体形成单倍体植株。

此外,未授粉子房在固体培养基上的培养方式以子房直插比子房平放效果更好。

6.5 植物离体授粉受精

伴随着组织培养技术的飞速发展,20 世纪 60 年代,被子植物在离体条件下实现了受精作用,是子房或胚珠培养在育种上的应用。同时也是在人们尝试"子房内传粉"试验取得成功基础上发展起来的。1960 年,Kanta 首先报道应用子房内传粉方法,将花粉悬浮液注射到罂粟子房内实现了受精并获得了能正常萌发的种子。1962 年,该作者又进一步取出罂粟带胎座组织的胚珠进行人工传粉受精获得了种子,从而完成了试管受精过程。随后在许多植物上进行实验,获得了成功。1991 年,Kranz 等用玉米离体精、卵细胞采用电融合技术使两者融合,得到了人工合子,并用单细胞微滴培养技术使之分裂形成多细胞结构,如图 6.3 所示。

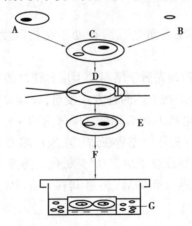

图 6.3 玉米离体精子和卵细胞电融合图解

6.5.1 离体授粉的概念和意义

离体授粉指在无菌条件下培养未受精子房或胚珠和花粉,使花粉萌发进入胚珠,完成受精作用。其全过程从花粉萌发到精卵细胞融合受精形成种子,直至种子萌发产生幼苗,均在试管内完成,故也称为离体受精。该项技术在育种实践上可克服自交不亲和性和远缘杂交障碍,如花粉在柱头上不萌发或花粉管生长缓慢进入花柱受到抑制,或萌发后不能进入胚珠。此外,采用远缘花粉授粉可诱导单性生殖产生单倍体植物。试管受精技术也为外源特异基因的有性转移、诱导遗传变异开辟了一条新途径。

6.5.2　离体授粉方法

1）收集花粉

因不同植物而异,在开花前数天套袋,开花前一天或当天取花蕾或花药,表面消毒后,无菌条件下收集花粉。

2）剥取子房或胚珠

做母本的花蕾在开花前数天去雄并套袋,开花前一天取花蕾在实验室进行常规表面消毒之后,在无菌条件下剥取胚珠或子房培养。

3）离体受精方法

（1）子房试管授粉

①直接引入法。无菌条件下用锋利刀片将子房壁或子房顶端切开一个小口,把花粉悬浮液直接滴入切口后进行培养。

②注射法。注射法是用无菌注射器吸取花粉悬浮液,从子房基部或上端切口注入子房,基部切口可用凡士林封口,然后接种于培养基上。花粉悬浮液是将收集的无菌花粉用 10~20 mg/L浓度硼酸溶液加 5%蔗糖配制而成,每滴含花粉 100~300 粒。

（2）胚珠试管授粉

胚珠剥离后可从胎座上切下单个胚珠授粉,也可将带着完整胎座或部分胎座的胚珠接种到培养基上,并撒播花粉。

①哺育法。哺育法是将胚珠表面先蘸满有助于花粉萌发的培养基,然后撒上花粉后培养。

②接近法。接近法是将花粉预先撒于培养基上培养使之萌发或不萌发,然后接种胚珠或子房培养。例如,芸薹属植物胚珠按上述两种方式授粉,具体做法:将离体胚珠在培养基上浸一下,培养基成分:含 0.01%氯化钙、0.01%硼酸、6%蔗糖和 4%琼脂,撒上花粉之后接种于含 5%蔗糖的 Nitsch 培养基上;或者将花粉先撒在适于萌发的培养基上（含 0.01%氯化钙、0.01%硼酸、2%蔗糖、10%琼脂）,再将胚珠或子房在 0.1%氯化钙溶液中浸片刻后接种到有花粉的培养基上,24~28 h 后,待花粉管进入胚珠后,再将其移入含 2%蔗糖的 Nitsch 培养基上进行培养。

6.5.3　影响离体受精的因素

1）胚珠（子房）的成活率及育龄

离体胚珠（子房）培养的成活率直接影响试管受精的成功率。而胚珠（子房）离体成活率的关键是培养基成分的筛选。此外,不同植物的胚珠（子房）的发育时期直接影响其受精力,有的植物开花时适于受精,有的植物开花前适于受精。

2）母体组织的影响

柱头是某些植物受精的障碍,应切除柱头和花柱。但对烟草等植物的研究表明,保留柱头和花柱有利于离体受精。此外,胎座组织对受精也十分有利,试管受精成功的大部分例子,都是带胎座的胚珠（子房）材料授粉。

3) 花粉萌发和花粉管生长

离体无菌花粉萌发率和花粉管生长速度也直接影响试管受精成功率。其中,关键的因素仍然是培养基。适宜胚珠离体培养的培养基一般不利于花粉萌发和花粉管伸长,适于胚胎离体培养的培养基,需添加钙、硼离子,才能适于花粉的萌发和花粉管的伸长。

6.6 人工种子

1978 年,美国生物学家 Murashige 在第四届国际植物组织和细胞培养会议上首次提出人工种子的设想。1980 年,便研制出了用聚氧乙烯包裹胡萝卜、柑橘等体细胞胚的人工种子,该种子胚成活率高但萌发率低。1986 年,人工种子改用海藻酸钠包裹体胚后,提高了人工种子萌发率。目前,已有不少国家致力于人工种子研究,用体细胞培养人工胚制成人工种子替代天然种子。

6.6.1 人工种子的概念和意义

1) 人工种子的概念

人工种子是指植物离体培养中产生的胚状体或不定芽包裹在含有养分和保护功能的人工胚乳和人工种皮中所形成的能发芽出苗的颗粒体,如图 6.4 所示。人工种子包括:裸露的或休眠的、经过或未经过干燥处理的繁殖体;用聚氧乙烯等多聚体包裹的繁殖体;用水凝胶包裹的繁殖体;液胶包埋的、用流质播种法播种的体细胞胚。

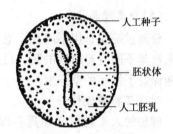

图 6.4 人工种子模式图

（右图标注：人工种子、胚状体、人工胚乳）

(1) 胚状体(或芽)

人工种子的胚主要是指体细胞胚,它的质量是制作人工种子的关键。除此之外,人工种子还包括各种能发育成完整个体的器官,如顶芽、腋芽和小鳞茎等,将它们采用适当方法保护起来均可替代天然种子。

(2) 人工种皮

人工种皮应具备以下特点:对胚状体或芽无毒害,柔软且有一定机械抗压能力,能保持一定水分及营养物质,允许种皮内外气体交换通畅,不影响胚萌发突破,播种后易于化解。目前,人工种皮常选用的材料有藻酸盐等水凝胶、琼脂糖、角叉胶等,用氯化钙等络合剂进行一定时间离子交换后人工种皮既柔软又具抗压性。

(3) 人工胚乳

胚乳是胚胎发育的营养条件,因此人工胚乳的基本成分仍是胚发育所需各类营养成分,此外,还可根据需要添加激素、抗生素、农药、固氮菌等成分,以提高人工种子的抗性与品质。

2) 人工种子的意义

人工种子结构完整,体积小,便于贮藏与运输,可直接播种,易于机械化操作。不受季节限制,不受环境制约,胚状体数量多、繁殖快、有利于工厂化生产。有利于繁殖,生育周期长、自交不亲合、珍贵稀有的一些植物,也可大量繁殖无病毒材料。可在人工种子中加入抗生素、菌肥、农药等成分,提高种子活力和品质。体细胞胚由无性繁殖体系产生,可固定杂种优势。

6.6.2　人工种子技术

1）胚状体诱导

控制体细胞胚状体同步发育是制备人工种子的核心问题，可采取以下方法促进胚状体同步生长。

（1）抑制剂法

抑制剂法是在细胞培养初期加入细胞分裂抑制剂，如 5-氨基尿嘧啶抑制剂，细胞即可同步分裂。

（2）低温法

低温法即低温处理抑制细胞分裂，再恢复正常温度使细胞分裂同步化。

（3）渗透压法

不同发育时期的胚，对渗透压要求不同，同种植物的胚越幼嫩需要的渗透压越高。

（4）通气法

在细胞分裂达到高峰前，有乙烯合成高峰。通气法是在培养基中通入乙烯或氮气，1~2次/天，每次 3~4 s，控制细胞同步分裂。

（5）分离过筛法

分离过筛法是用不同孔径尼龙网将不同发育时期的胚扶体分离开，可采用密度梯度离心法来选择不同发育时期的胚。目前，大规模胚状体诱导都采用了发滤分选方法同步处理，有效地保证了发芽的整齐度。

2）人工种皮制作

理想的人工种皮必须具有保护胚的功能，并且无毒性、通气好、抗污染、抗压性好、不粘连、适于贮藏和运输。最早使用的材料聚氧乙烯有一定毒性且遇水易溶解。后来藻酸盐应用较多，通过控制与络合物离子交换时间，可控制胶囊硬度。但海藻酸盐种皮有易粘连、失水干缩等弊端，可采取种皮外加一层包裹剂的方法克服，如滑石粉、5% $CaCO_3$ 等。总之，至今尚未找到理想材料。

3）人工胚乳的研制

人工胚乳主要包括无机盐、碳水化合物（糖和淀粉）、蛋白质等成分。对于无胚乳植物的人工种子制作必须加入糖分，例如：苜蓿人工种子如果胚乳以 1/2 SH 培养基为基本成分，成苗率为 0，但在其中加入 1.5% 的麦芽糖后，种子成苗率上升为 35%。因糖分容易导致微生物感染而腐烂，所以同时也要加入防腐剂、抗菌素、农药等。人工胚乳可直接加入人工种子凝胶囊中，也可先包裹在微型胶囊内再与种胚一起包裹在人工种皮中，这样可使人工胚乳缓慢释放营养，解决种皮易失水干缩的问题。

4）包埋技术

人工种子包埋的方法主要有干燥法、液胶法和水凝胶法。

（1）干燥法

最早的人工种子包埋技术是聚氧乙烯干燥法包埋。即将胚状体置于 23 ℃、相对湿度 70%±5% 的黑暗条件下逐渐干燥，然后用聚氧乙烯包裹这种胚状体。被包埋的胚状体在包裹物水合后仍能发芽，如胡萝卜人工种子。

（2）液胶法

液胶法即胚状体不经干燥包埋，直接与流体胶混合后播入土中。此法不适于人工种胚的包埋，如将胡萝卜体细胞胚与流体胶混合后播入土中，成活率很低，胚会因干燥而死亡。

（3）水凝胶法

水凝胶法是最常用的一种方法。即用褐藻酸钠等水溶性凝胶经与 Ca^{2+} 进行离子交换后凝固，用于包埋单个胚状体。种子硬度由凝胶浓度与络合物离子交换时间决定。胡萝卜、苜蓿等人工种子的包埋方法就是水凝胶法。

5）贮藏与发芽

一般将人工种子贮藏在 4~7 ℃低温、相对湿度小于 67% 的条件下。随贮藏时间的延长、人工种子的萌发率会显著下降。人工种子的贮藏存在许多问题尚未完全解决，如种胚质量不高、后期停止生长、胚腐烂、种子失水干缩等。国内外许多学者针对这些问题做了大量研究，如胚乳中添加防腐剂、抗生素，控制糖含量，低温贮藏，种皮外包裹滑石粉、液状石蜡等成分。

人工种子的萌发率也是由内外条件共同决定的。种子本身胚状体的健壮程度、种皮性质、内源激素等决定种子萌发率。试验表明，人工种子在蛭石、珍珠岩等基质上发芽率较高。

人工种子的研制经历了十几年时间，取得了较大进展，但是至今研制还处于实验室研究阶段。人工种子种皮的缺陷、有菌条件下发芽率低、贮藏难、生产成本高、制作流程复杂等问题，都限制了人工种子的推广。但随着人工种子研究的日益发展以及制作工艺日臻完善，其必将广泛应用于作物育种和良种的快速繁殖，并将极大地推进组织培养的工厂化生产进程。

· 本章小结 ·

胚胎培养是指使胚及具胚器官，如子房、胚珠，在离体无菌条件下发育成幼苗。胚胎培养还包括胚培养、胚乳培养、试管受精技术等。植物胚胎培养技术，可克服远缘杂交的不育性或杂种植物、打破种子休眠、提早结实、缩短育种年限、使生活力低下或无生活力的种子萌发。

植物胚培养又可分为成熟胚培养和未成熟胚培养两类。幼胚培养在离体条件下常见的生长方式有正常胚胎发育、胚性发育、早熟萌发、产生愈伤组织。大多数植物的胚乳组织为三倍体。胚乳培养的技术关键是外植体取材时期和培养基及培养条件。胚乳组织也可通过脱分化和再分化过程，经器官发生或胚状体发生途径再生植株。植物胚珠和子房培养指已授粉和未授粉胚珠和子房的离体培养。前者是离体受精的基础，可诱发大孢子发育成单倍体植株，且孤雌生殖产生的单倍体植株获得率较孤雄生殖高。对已授粉胚珠和子房培养也有意义，因为合子和早期原胚很难剖取，培养条件要求极高，难以成功，通过授粉胚珠和子房培养技术，可对合子及早期原胚离体培养过程进行研究，使早期原胚发育成苗。离体授粉受精是指在无菌条件下培养未受精子房或胚珠和花粉，使花粉萌发进入胚珠，完成受精作用。离体授粉受精技术在育种实践上可克服自交不亲和性和远缘杂交障碍。

人工种子是指植物离体培养中产生的胚状体包裹在含有养分和保护功能的人工胚乳和人工种皮中所形成的能发芽出苗的颗粒体。人工种子结构完整，体积小，便于贮藏与运输；不受季节限制和环境制约，利于工厂化生产。

复习思考题

1.植物胚胎培养包括哪些内容？意义如何？

2.离体幼胚培养常见的生长方式有哪些？

3.胚乳培养的技术关键是什么？有什么意义？

4.简述离体授粉受精的概念、意义和方法。

5.什么是人工种子？有哪些优越性与局限性？

第 7 章

植物种质资源的保存

▶▷ **学习目标**

- 深入了解植物种质资源的概念及保存类型,对植物种质资源的保存形成总体认识。
- 了解试管保存和超低温保存的基本技术。

▶▷ **能力目标**

- 掌握试管保存技术。
- 学会超低温保存技术。

　　种质,是指亲代通过生殖细胞或体细胞传递给子代的遗传物质。植物种质资源又称植物遗传资源,是指一定地域上对人类有用的所有植物的总和,是人类生存和发展必不可少的物质基础。种质资源是在漫长的历史过程中,由自然演化和人工创造所形成的重要资源,它积累了极其丰富的遗传变异,蕴藏着各种性状的遗传基因。

　　我国拥有3万余种高等植物,仅次于巴西和马来西亚,居世界第三。其中,近200个属的植物为我国特有,而银杉、银杏、水杉、珙桐等,则是我国所特有的孑遗物种。在众多的种质资源中,栽培植物的原始品种及其野生亲缘物种构成了一个丰富的种质库,成为植物品种选育的无价之宝。但是,植物种质资源的多样性由于自然灾害和人类活动而受到严重影响,导致生物多样性减少,大量适应性强的地方栽培品种被淘汰,作物品种资源日益匮乏。所以拥有并妥善保存多种多样的种质资源成为人类十分关注的问题。

　　植物种质资源保存是指利用天然或人工创造的适宜环境,使个体中所含有的遗传物质保持其遗传完整性,有较高的活力,能通过繁殖将其遗传特性传递下去。

7.1　植物种质资源保存类型

　　拥有丰富多样的种质资源,并对其进行保护,是创制或选育新品种的物质基础。植物种质资源的保存类型有两种,即原生境保存和非原生境保存。

1)原生境保存

　　原生境保存是将植物的遗传材料保存在它们的自然生境中。可通过建立自然保护区或天然公园来实现。我国建立的各种类型的自然保护区有上千个,其中,长白山、鼎湖山、卧龙、武夷山、梵净山、锡林郭勒、博格达峰、神农架、盐城、西双版纳、天目山、茂兰、九寨沟、丰林、南麂列岛等多个自然保护区被联合国教科文组织列入"国际人与生物圈保护区网";扎龙、向海、鄱阳湖、东洞庭湖、东寨港、青海湖及香港米浦等多个自然保护区被列入《国际重要湿地名录》;九寨沟、武夷山、张家界、庐山等多个自然保护区被联合国教科文组织列为世界自然遗产或自然与文化遗产。

　　原生境保存的另一种方法为农田种植保存,即将原生境植物种植在农田中进行保护。如云南水稻,数以千计的云南水稻农家品种种植在农田中得以保护。

2)非原生境保存

　　非原生境保存是将植物的遗传材料保存在不是它们的自然生境的地方,通过建立植物园、种质圃、种子库以及离体保存等来实现。目前国际和国内均有一些机构或组织进行各种植物遗传资源的保存。非原生境保存具体方法:种植保存、贮藏保存、离体保存和基因文库保存。

(1)种植保存

　　为了保持种质资源的种子或无性繁殖器官的生活能力,并不断补充其数量,种质资源材料必须每隔一定时间(例如1~5年)播种种植一次,这种保存方式为种植保存。种植保存分为就地种植保存和迁地种植保存。

　　种植保存时,每种作物的种植条件应尽可能与原产地相似,减少由于生态条件的改变而引起的变异和自然选择的影响。在种植过程中,应避免或减少天然杂交或人为混杂的机会,保持原物种的遗传特点和群体结构。

(2)贮藏保存

　　贮藏保存是利用控制贮藏时的温度和湿度条件,保持种质资源种子或贮藏器官生活力的方法。低温、干燥、缺氧可抑制种子呼吸,是延长种子寿命的有效措施。

　　为了有效保存种质资源,世界各国都建有各种规格的现代化种质库。我国1986年在中国农业科学院建成的国家种质保存库,贮藏库条件:温度(-18 ± 1)℃、相对湿度$<50\%$。种子入库贮藏时,其含水量干燥脱水至$5\%\sim7\%$,大豆为8%。在上述条件下,一般作物种子寿命可保存50年以上。目前,国家种质保存库保存的植物种质数量已达50余万份,长期保存的种质数量居世界第一位。

　　2002年建成的国家农作物种质保存中心由长期贮藏冷库、中期贮藏冷库和临时贮藏冷库构成。长期贮藏冷库的贮藏温度常年控制在(-18 ± 2)℃,相对湿度$<50\%$,主要用于长期保存

从全国各地收集的作物品种资源,包括农家种、野生种、淘汰的育成品种等。中期贮藏库的贮藏条件是(-4±2)℃,相对湿度<50%,种子贮藏寿命为10~20年。保存在中期贮藏库的资源可随时提供给科研、教学及育种单位研究利用及国际交换。临时存放冷库(+4 ℃),用于种子在存入中长期贮藏冷库之前的临时存放。通过国家种质库和国家农作物种质保存中心的工作,我国种质库中保存的种质资源达到近百万份。

（3）离体保存

离体保存是将植物外植体在无菌的环境中利用组织培养技术进行植物种质资源保存的方法。它是利用细胞工程技术对植物种质资源进行保存的一种新方法,利用这种方法可以解决用常规种子贮藏所不易保存的某些材料。离体保存的植物材料种类多样,主要有试管苗、愈伤组织、悬浮细胞、幼芽生长点、花粉、花药、体细胞、原生质体、幼胚、组织块等。

理想的离体保存是使培养物处于无生长或缓慢生长状态,需要时可迅速恢复正常生长。根据离体保存的环境条件或使用的化学试剂,离体保存方法分为3种:低温保存、超低温保存或冰冻保存、生长抑制剂保存。

（4）基因文库保存

基因文库保存是利用人工方法,从植物中获取DNA,然后用限制性内切酶将DNA切成许多片段并与载体连接,再导入大肠杆菌或酵母中繁殖,使得生物体内所有基因都得到保存,基因文库保存是20世纪末出现的保存种质资源的方法。当需要某个基因时,通过一定方法进行提取。这种保存方法既可以长期保存该物种的遗传资源,还可以通过反复培养繁殖、筛选,获得各种基因。目前已建成的植物基因文库有拟南芥、水稻等。

7.2　试管保存

试管保存就是在人为控制条件下,利用组织培养技术,保存种质资源。它打破了植物生长季节限制,可随时提供材料,方便了科研人员的研究工作。同时具有节省贮存空间,便于运输和交流等优点。对于营养器官繁殖的材料,可防止多代繁殖种性退化及病毒感染,保证了种质的优良性和纯洁性。对于珍贵、稀有、濒临灭绝的资源,种质试管保存有着尤其重要的意义。

迄今为止,试管保存已在上千余种植物和品种上得到了应用,并获得了很好的效果。试管保存被认为是植物种质保存中最有效的方法之一。目前,已对植物的多种材料进行了试管保存,如愈伤组织、幼胚、胚状体芽、茎尖分生组织、茎段、试管苗、悬浮细胞培养、花药、花粉、原生质体和短命种子等。多种类型的保存材料满足了科研和生产的需要。

7.2.1　常温限制生长保存

在常温条件下的组织培养不适合种质保存。因为材料在正常条件下生长很快,需要经常转接。通过高渗、生长抑制剂以及其他一些措施也具有延缓离体培养材料生长发育、延长继代转接时间,从而达到常温下保存离体培养材料的目的。

1) 高渗保存法

高渗保存法是利用培养基的高渗透压来抑制离体培养材料生长的保存方法。培养基中高渗透压的产生可以通过加入高渗物质,如甘露醇、蔗糖、PEG 等。高渗保存并配以低温则具有更好效果,能够显著延长种质保存时间,提高存活率。

2) 生长抑制剂保存法

生长抑制剂保存法是在培养基中加入生长抑制剂以减缓培养材料生长,达到长期保存种质材料的保存方法。常用的生长调节剂有 ABA、青鲜素、矮壮素(CCC)、多效唑、烯效唑、比久等,它们可以有效控制和延缓培养材料的生长速度,延长继代培养周期。如 2 mg/L 多效唑可以延缓玉米试管苗生长 25~30 天,4 mg/L 时为 40~50 天,8 mg/L 时为 80~90 天。将甘露醇与生长抑制剂一起使用,可增强抑制作用。

3) 抑制生长的其他保存法

(1) 饥饿法

以培养基中减去 1~2 种营养元素,使培养植株由于营养缺乏而处于最小生长量。

(2) 矿物油覆盖法

利用矿物油覆盖培养材料使其与空气隔绝,延缓生长,如胡萝卜愈伤组织在覆盖一层植物油的试管中培养,26 ℃下,5 个月继代一次,可以保存活力达 3 年。

(3) 低光照培养

在低温条件下,适当减弱光照强度、缩短光照时间可以减缓试管苗生长。利用低温、弱光照、生长抑制剂处理的最小量生长条件保存马铃薯种质资源已经在国内外得到广泛应用。

(4) 低压保存

通过降低培养材料周围的气压,导致所有气体分压被降低,达到抑制生长的目的。低压保存包括低气压和低氧压两种。低氧压系统是在正常气压下,加入氮气等惰性气体,使氧分压降至较低水平。

7.2.2　低温保存

低温保存是一种缓慢生长保存方法,是通过控制培养温度来限制培养物各种生长因子的作用,使培养物生长减少到最低限度。

植物对低温的耐受力与它们的起源和最适生长的生态条件有关,热带作物对低温的耐受力较温带作物差。温带植物一般采用 4 ℃左右的温度进行低温贮藏,如马铃薯、苹果、草莓等植物可以在 0~6 ℃条件下保存;热带植物采用 15~20 ℃温度贮藏,如甘薯和木薯的保存温度不能低于这个温度。目前,果树、农作物、草本植物等已经采用此法进行低温保存,离体材料主要是试管苗、愈伤组织、花粉、茎尖等。

植物生长过程受许多酶的调节和控制,每一种酶都有其生化反应的最适温度,导致植物生长也有一个相应的最适温度。当植物种质资源离体材料在非结冰的低温下培养时,由于酶的作用受到抑制,培养物生长受到极大限制从而生长十分缓慢,继代间隔时间延长,达到较长期保存的目的。我国目前有两个国家级试管苗种质圃,分别用于保存无性繁殖甘薯种质和马铃薯种质。非结冰低温条件下长期保存培养材料时,方法简单,存活率高,对植物种质资源的中期保存和短期保存具有广阔的前景。

7.3 超低温保存

7.3.1 超低温保存的概念

超低温保存是在液氮(-196 ℃)中使保存的活细胞物质代谢和生长几乎完全停止的保存方法。在这样的冷冻条件下,细胞和组织不会丧失形态发生潜能,也不会发生遗传性状改变,理论上可以无限期贮藏。

超低温保存方法已广泛应用于医学和畜牧业,如液氮中贮藏精子进行人工授精已成为一种常规方法。自 20 世纪 70 年代以来,利用此法保存植物材料的研究有较大进展,显示出植物种质资源长期保存的新途径。几乎所有的植物种类都可以利用超低温方法进行种质保存,涉及的外植体类型有离体胚、茎尖、体细胞、原生质体、茎段、花粉、胚性细胞、愈伤组织、休眠芽等。但从植株再生的难易和遗传稳定性考虑,体细胞或愈伤组织等细胞培养物作为保存材料并不理想,而茎尖、胚、幼苗等较为合适。茎尖、胚、幼苗等材料遗传性稳定、再生能力强、对冷冻和解冻过程中所产生的胁迫忍受能力强。

7.3.2 超低温保存原理

在低温冰冻过程中,如果生物细胞内水分结冰,细胞结构就遭到不可逆的破坏,导致细胞和组织死亡。植物材料在超低温条件下之所以可以长期保存并能在离开保存环境后正常进行细胞分裂和分化就是在冰冻过程中避免了细胞内水分结冰,并且在解冻过程中防止细胞内水分的次生结冰而达到植物材料保存目的。植物细胞含水量比动物细胞高,冰冻保存难度大,如果直接将保存材料投放到液氮中,细胞和组织由于细胞内水分结冰,引起组织和细胞死亡。可见,超低温保存的植物材料必须借助于冷冻防护剂。冷冻防护剂属于分子质量低的中性物质,如甘油、脯氨酸、二甲基亚砜等,在水溶液中能强烈地结合水分子,水合作用的结果使溶液的黏稠度增加。当温度下降时,溶液冰点下降,水固化程度减弱,对降低培养基、植物组织、细胞的冰点起重要作用。

7.3.3 超低温保存方法

1) 预处理

为了保证茎尖在液氮处理后具有稳定且较高的存活率,需进行一定的预处理,或在冷冻防护剂存在下进行预培养,或直接进行低温(-3~10 ℃)预处理。例如,马铃薯新采集的茎尖若不在光下经过至少 48 h 的培养,冷冻处理后不能存活;麝香石竹茎尖经 4 ℃ 低温处理14 天,不仅可提高存活率,而且分化频率可由 30% 提高到 60%;苹果和梨休眠芽在-3~10 ℃低温下预处理 20 天,可提高液氮保存后的存活率。预处理的作用表现:提高分裂细胞的比例;提高组织和细胞渗透压;防止细胞和组织冰冻。

预处理结束后,培养材料的温度被降至 0 ℃ 或 0 ℃ 以下,再加入 0 ℃ 预冷的冷冻防护剂,然后进入冷冻降温。

2) 冷冻处理

冷冻处理过程是冷冻保存效果的关键因素之一。冷冻处理的方法有快速冷冻法、慢速冷冻法、预冷冻法和干燥冷冻法 4 种方法。

(1) 快速冷冻法

快速冷冻法是将植物材料从 0 ℃ 或者其他预处理温度直接投入液氮中保存的方法。降温速度为 1 000 ℃/min。植物体内水分在降温冷冻过程中,从 -140~-10 ℃ 是冰晶形成和增长的危险温度区,-140 ℃ 以下,冰晶不再增生。这一方法的关键就是利用高速降温越过冰晶增长的危险温度区,使细胞内来不及形成大小可以致死的冰晶,避免细胞结冰。快速降温越过危险温度区后,细胞内水分会固化,形成"玻璃化"状态。这种状态对细胞是安全的,不会破坏细胞结构。采用快速冷冻方法保存植物材料,要求细胞体积小、细胞质浓、细胞含水量低、液泡化程度低的材料,如种子、花粉、球茎或块茎、耐寒的木本植物的芽、枝条、茎尖等。

(2) 慢速冷冻法

慢速冷冻法是将处于 0 ℃ 或其他预处理温度的材料以 1~2 ℃/min 的降温速度从起始温度降到 -100 ℃,稳定 1 h 后投入液氮中保存或以此降温速度连续降温至 -196 ℃ 的方法。此法适用于成熟的、含有大液泡和含水量高的细胞,对于悬浮细胞的保存特别有效。慢速冷冻法降温时需程序降温仪或计算机来控制降温器。

(3) 预冷冻法

预冷冻法是指将植物保存材料放入液氮前,需经过短暂时间的低温锻炼的方法。又分为两步冷冻法和逐级冷冻法两种。两步冷冻法是将预处理后的材料先通过慢速冷冻法降温至 -40 ℃,保存一段时间,约 30 min 后,再将材料直接投入液氮中保存的方法。保存过程的第一步采用 1~2 ℃/min 慢速降温法,使温度从起始温度降到 -40 ℃,在此温度下停留一段时间;第二步将材料直接投入液氮中迅速冷冻。这种方法是目前比较理想的保存方法,在烟草、胡萝卜、水稻、玉米等多种悬浮细胞、愈伤组织、茎尖和芽的保存中得到了应用。草莓茎尖经快速冷冻后成活率为 40%~60%,但若采用两步冷冻法,成活率可提高到 60%~80%。逐级冷冻法是将预处理后的材料通过不同温度等级降温至 -40 ℃,再投入液氮中保存的方法。此法是在无程序降温仪等设备下的保存方法。将保存液制备成不同温度等级的溶液,如 -40、-35、-23、-15 及 -10 ℃,将经过预处理的材料逐级通过这些温度降温,并在每级温度中停留 4~6 min,然后将材料投入液氮中保存。

(4) 干燥冷冻法

干燥冷冻法是将材料置于 27~29 ℃ 烘箱内降低植物含水量,再投入液氮中保存的方法。此法可防止材料冻死,如豌豆幼苗置于 27~29 ℃ 烘箱中,含水量由 72%~77% 下降到 27%~40%。浸入液氮后可全部免遭冻死。

3) 冷冻贮存

适宜温度下贮存冷冻材料也很重要。如果贮存期间温度高于 -130 ℃,细胞内冰可能增

长,造成细胞生活力下降。因此,长期贮存在液氮内的材料,需合适的液氮容器,如液氮冰;或液氮贮存罐等。理论上,只要保证不断补充液氮,维持冷冻温度,就可以长期保存冷冻材料。但研究发现,冷冻贮存的茎尖随保存时间的延长,其生活力可能下降,因此技术上还有待于改进。

4)解冻植物材料

在超低温贮存过程中所发生的冻害是在冷冻和解冻过程中产生的。解冻过程中发生的冻害是由细胞内次生结冰造成的,另外,解冻过程中水的渗透冲击也会对细胞膜体系造成破坏。解冻法有快速解冻法和慢速解冻法两种。

（1）快速解冻法

快速解冻法是指将液氮中保存的材料直接投入到 37~40 ℃ 温水浴中进行解冻的方法,解冻升温速度为 500~750 ℃/min。对 -196 ℃ 下保存的材料进行解冻时,再次结冰的温度区是 -50~-10 ℃。快速解冻法可以迅速越过再次结冰的危险温度区,使细胞免遭损伤。大多数植物材料可以利用此法进行解冻。

（2）慢速解冻法

慢速解冻法是将液氮中保存的材料先置于 0 ℃ 以下解冻,再逐渐升至室温下进行解冻的方法。利用慢速解冻法可以使水分缓慢地渗入到细胞中避免因强烈渗透而造成水分对细胞膜的破坏。慢速解冻适合细胞含水量较低的材料,如木本植物的冬芽。

解冻方法的选择与冷冻方法有一定的关系,一般冷冻降温速度超过 -15 ℃/min,解冻时宜采用快速方法,否则应采用慢速方法。解冻操作应十分小心,因为冰冻后的组织和细胞非常脆弱,极易产生机械损伤。试管内的冰一旦融化,应迅速转入 20 ℃ 水浴,立即进行洗涤和培养。

5)再培养

再培养是指将已解冻的材料重新置于培养基上使其恢复生长的过程。再培养是检验冷冻保存效果或确定保存方法是否合适的最根本方法。冷冻保存时若加入冷冻防护剂,它对植物细胞有毒害作用,培养前应将解冻的材料进行多次清洗,去除冷冻防护剂。为避免质壁分离复原过程中对细胞造成伤害,冷冻防护剂的洗涤应逐步进行。经过解冻和洗涤后,应立即将保存材料转移到新鲜培养基上进行再培养。

再培养初期有一个生长停滞期,这是由于冷冻过程中细胞受到了不同程度的损伤或受冷冻防护等因素的抑制作用。再培养过程中,一般通过观察组织或细胞复活情况、存活率、生长速度、生长能力等指标进行保存效果的初步评价,还需对遗传性状进行分析来进一步评价保存效果,如形态发生能力、后代形态特征和生长发育状况、染色体、同工酶谱、抗性等。

•本章小结•

植物种质资源保存的类型有原生境保存和非原生境保存。植物原生境保存的地方多是植物的自然保护区；植物非原生境保存的地方主要是植物园、种子库和种质圃等。非原生境保存的植物可以采用种植保存、贮藏保存、离体保存和基因文库等方式保存。

超低温保存是在-196 ℃的液氮中保存离体材料的方法。保存程序包括预处理、冷冻处理、冷冻贮藏、解冻和再培养过程。影响超低温保存的因素主要有植物材料的类型、预处理的方法、冷冻保鲜剂、冷冻处理、解冻方法等。

 复习思考题

1.植物种质资源保存的类型有哪些？

2.植物超低温保存的原理是什么？ 如何进行离体材料的超低温保存？

第 8 章

动物细胞培养所需的基本条件

▶▷ **学习目标**

- 了解动物细胞体外培养所需的基本条件。
- 了解动物细胞体外培养所需的各种培养用液。
- 了解影响动物细胞培养的环境因素。

▶▷ **能力目标**

- 掌握常用的动物细胞培养基的配制方法(详见实训部分)。

　　动物细胞培养是一项无菌操作技术,要求工作环境和条件必须保证无微生物污染和不受其他有害因素的影响。培养所用的器械除微生物细胞、植物细胞培养所需的常规设备器械外,还有其需要的一些特殊器械。其分离培养的技术方法也与微生物细胞、植物细胞培养有较大差别,因此本章主要介绍动物细胞培养所需的基本条件,主要包括培养基的组成和制备方法以及影响培养的环境因素。

8.1 动物细胞培养基的组成和制备

动物细胞体外培养除用到培养基外,还需用到平衡盐溶液、消化液、双抗等其他溶液。另外水对于细胞而言具有极其重要的作用,而且体外培养细胞对水的要求极其严格。本节主要对动物细胞培养所用的溶液进行阐述。

8.1.1 水和平衡盐溶液

1) 水

水在动物体细胞中发挥着举足轻重的作用,如物质的运输吸收、酶促反应的媒介、调节温度、维持细胞形态、影响细胞呼吸等,因此水对于体外培养细胞极其重要。体外培养的细胞对水质特别敏感,对水的纯度要求很高。因此,配制培养液用的水必须经过纯化。细胞培养用水必须经过 2~3 次玻璃器皿蒸馏或者用离子交换树脂处理的水。一般在电导仪上显示为 $2 \times 10^6 \sim 3 \times 10^6 \ \Omega$ 以上方可使用,生长液要在 $5 \times 10^6 \ \Omega$ 以上。蒸馏水的贮存对保持水的质量有很大影响;周围环境和空气能使水污染,或改变其 pH,所以贮存水的容器要尽量减少开启次数,避免和外界多接触,存放时间不宜过长,一般不要超过两周,最好现制现用。

2) 平衡盐溶液

平衡盐溶液(BSS)主要是由无机盐、葡萄糖配制而成,主要作用是维持细胞渗透压平衡,保持 pH 稳定及提供简单的营养。主要用于取材时组织块的漂洗、细胞的漂洗、配制其他试剂等。

表8.1 是几种常用 BSS 的配方表。Hanks 液和 Earle 液是配制各种培养液最常用的基础溶液,它们的主要区别在于缓冲系统不同。Hanks 液缓冲能力较弱,需利用空气平衡;Earle 液含有高浓度的 $NaHCO_3$,缓冲能力较强,需用 5% 的二氧化碳平衡。钙、镁离子是细胞膜的重要组成成分,它们有促使细胞凝聚的作用。因而配制离散细胞用的消化液和细胞洗涤液时,宜采用钙、镁离子含量低的 Dulbecco 液和无钙、镁离子的 D-Hanks 液,或更为简单的 PBS 液。

表 8.1 常用的平衡盐溶液配方表(g/L)

成 分	Ringer	PBS	Tyrode	Earle	Hanks	Dulbecco	D-Hanks	Eagle
$CaCl_2$(无水)	0.25	—	0.2	0.2	0.14	—	—	—
KCl	0.42	0.2	0.2	0.04	0.4	0.3	0.4	0.4
KH_2PO_4	—	0.2	—	—	0.06	0.2	0.06	—
$MgCl_2 \cdot 6H_2O$	—	—	0.1	—	0.1	—	—	—
$MgSO_4 \cdot 7H_2O$	—	—	—	0.2	0.1	—	—	0.2
NaCl	9.0	8.0	8.0	6.68	8.0	8.0	8.0	6.8
$NaHCO_3$	—	—	1.0	2.2	0.35	—	—	—

续表

成　分	Ringer	PBS	Tyrode	Earle	Hanks	Dulbecco	D-Hanks	Eagle
$Na_2HPO_4 \cdot 7H_2O$	—	1.56	—	—	0.09	2.16	0.06	—
$NaH_2PO_4 \cdot H_2O$	—	—	0.05	0.14	—	—	—	1.4
D-葡萄糖	—	—	1.0	1.0	1.0	—	—	1.0
酚红	—	—	—	0.02	0.01	—	0.02	0.01

配好的平衡盐溶液可以过滤除菌或高压灭菌。配液时的注意事项如下：

①需用新鲜的三蒸水或去离子水，按规定的先后顺序配制，称量要准确，要看清药品的规格、纯度、结晶水的数量等，切勿搞错。

②纯度高的物质配制成的溶液质量高，因此在配液选用时要注意。常用的纯度有优级纯（GR）、分析纯（AR）和化学纯（CP）3 种类型。

③配制 BSS 时要注意避免钙、镁离子沉淀，如果配方中含有 Ca^{2+}、Mg^{2+}，应当首先单独溶解这些成分。

④不少物质性质热不稳定，高温高压下易破坏。如葡萄糖只能在 115 ℃ 下维持 15 ~ 20 min，若超温葡萄糖就会被破坏。

⑤贮存液。通常先配制成 10 倍或 100 倍的一系列母液，用前临时混合和稀释，过滤除菌备用。

3)其他溶液

（1）pH 调节液

①碳酸氢钠液。可根据需要与使用方便配 10% 以下的各种浓度。先用双蒸水溶解后，需经过滤除菌或高压蒸气灭菌，分装于小瓶中，密封，4 ℃冰箱保存。

②Hepes 缓冲液。Hepes 缓冲液是一种可以保持细胞培养过程中 pH 较长时间稳定的氢离子缓冲剂。可直接购买市售成品按要求配制。

（2）消化液

取材进行原代细胞培养时常常需要将组织块消化解离形成细胞悬液，传代培养时也需要将贴壁细胞从瓶壁上消化下来，常用的消化液有胰酶溶液、胶原酶溶液和 EDTA 溶液。

（3）双抗溶液

为防止细胞培养过程中发生污染，一般在培养液中加入青霉素钠盐和硫酸链霉素，其浓度分别为每毫升含 100 U 和 100 μg。

（4）台盼蓝液

称取台盼蓝 0.5 g 溶于 100 mL 磷酸缓冲液中，溶解后过滤即得。主要用于细胞染色。

8.1.2　天然培养基

天然培养基是指来自动物的体液或从组织中分离提取的一类培养基，如血浆、血清、胚胎提取液和水解乳蛋白等。由于天然培养基制作过程复杂、批间差异大，因此逐步被合成培养基所替代。

1）血清

牛血清是细胞培养中用量最大的天然培养基,含有丰富的细胞生长所必需的营养成分,具有极为重要的功能。

（1）牛血清的分类

牛血清分为胎牛血清、新牛血清、小牛血清。胎牛血清应取自剖宫产的胎牛;新牛血清取自出生 24 h 之内的新生牛;小牛血清取自出生 10~30 天的小牛。显然,胎牛血清是品质最高的,因为胎牛还未接触外界,血清中所含的抗体、补体等对细胞有害的成分最少。

（2）血清的主要成分

血清是由血浆去除纤维蛋白而形成的一种很复杂的混合物,主要有各种血浆蛋白、多肽、脂肪、碳水化合物、生长因子、激素、无机物等。其组成成分尚不完全清楚,且血清组成及含量常随供血动物的性别、年龄、生理条件和营养条件不同而异。

（3）血清的主要作用

①提供基本营养物质。如氨基酸、维生素、无机物、脂类物质、核酸衍生物等,是细胞生长必需的物质。

②提供激素和各种生长因子。胰岛素、肾上腺皮质激素(氢化可的松、地塞米松)、类固醇激素(雌二醇、睾酮、孕酮)等。生长因子如成纤维细胞生长因子、表皮生长因子、血小板生长因子等。

③提供结合蛋白。结合蛋白的作用是携带重要的低相对分子质量物质,如清蛋白携带维生素、脂肪以及激素等;转铁蛋白携带铁。结合蛋白在细胞代谢过程中起着重要作用。

④提供促接触和伸展因子使细胞贴壁免受机械损伤。

⑤对培养中的细胞起到某些保护作用。有一些细胞,如内皮细胞、骨髓样细胞可以释放蛋白酶,血清中含有抗蛋白酶成分,起到中和作用。现在往往有目的地使用血清来终止胰蛋白酶的消化作用。血清蛋白形成了血清的黏度,可以保护细胞免受机械损伤,特别是在悬浮培养搅拌时,黏度起到重要作用。血清还含有一些微量元素和离子,它们在代谢解毒中起重要作用。

2）胚胎提取液

胚胎提取液是早期动物细胞培养中使用的天然培养基,能促进细胞的生长增殖。如鸡胚提取液,其中含有生长因子、大分子核蛋白和小分子氨基酸等,可刺激细胞生长增殖,几乎各种组织细胞培养物都可使用。由于合成培养基的广泛使用,鸡胚提取液已很少使用。

3）水解乳蛋白

水解乳蛋白是一种常用的天然培养基。它是乳蛋白经蛋白酶和肽酶混合物水解得到的制品,为一种均匀淡黄色或灰黄色粉末,有潮解性,故常密封保存在阴凉干燥处。其水溶液呈弱酸性,不溶于醇或醚。4 g/L 浓度的水解乳蛋白经分解后几乎与人血浆中氨基酸成分相当,在此培养基中再加入血清,可培养多种细胞。

8.1.3　合成细胞培养基

天然培养基的来源是有限的,要进行大量体外细胞培养时,应选用人工合成的各种化学物质配制而成的、又利于细胞生长的培养基。它是在平衡盐溶液中加入标准的化学营养物质而构成的培养基。1951 年,Earle 首先研制成功合成培养基后,目前合成培养基已有多种,如TC 199、DMEM、RPMI 1640、HAMF 12、NCT 109 等商品化的产品。

1) 合成培养基的优点

①合成培养基是用已知成分配制,便于调整和控制实验设计并使培养条件标准化。

②可以精密地测定培养的细胞与培养液内物质变化情况,用生化定量的方法可以分析各种组织以及各种实验条件下不同组织细胞的生长和代谢,这也可提供和筛选更加有利于细胞生长的更趋简化的培养基。

③用人工培养液培养的细胞比较透明清楚,胞质内的颗粒很少,换液时间可适当延长,从而节省人力、物力。

④合成培养基克服了天然培养基中可能潜在病毒污染的缺点,有利于培养和研究病毒。

⑤合成培养基成分便于储存和大量配制,利于细胞大规模生产。

2) 合成培养基的成分

合成培养基的基本成分主要包括 4 大类物质:无机盐、氨基酸、维生素和碳水化合物。在目前常用的培养基中,葡萄糖和谷氨酰胺是体外培养动物细胞的主要能源。除了以上与细胞生长有关的物质以外,培养基中一般还要加入酚红(当溶液 pH 小于 6.8 时呈黄色,大于 8.4 时呈红色),以利于观察培养过程中溶液酸碱度的变化情况。

3) 培养基的选择

选择培养基没有固定的标准,但有如下注意事项:

①建立某种细胞株所用的培养基应该是培养这种细胞首选的培养基。可以查阅参考文献,或在购买细胞株时咨询。

②可参照其他实验室惯用的培养基,许多培养基可以适合多种细胞。

③根据细胞株的特点、实验的需要来选择培养基。如小鼠细胞株多选 RPMI 1640。

上述这些培养基仍是基本培养基,配制细胞生长培养基时,根据各种细胞培养的需要,在配制人工合成培养基时,尚需加入一定量的天然合成培养液,构成最适合细胞生长的培养液,加入适量血清的生长液就是其中的一种。这种培养液主要为细胞生长增殖之用,所含血清比例较大。

4) 干粉培养基的配制

配制时注意事项如下:

①认真阅读说明书。说明书都注明干粉不包含的成分,常见的有 $NaHCO_3$、谷氨酰胺、丙酮酸钠、HEPES 等。这些成分有些是必须添加的,如 $NaHCO_3$、谷氨酰胺,有些根据实验需要决定。

②配制是要保证充分溶解,$NaHCO_3$、谷氨酰胺等物质都要等培养基完全溶解后再添加。

③配制好的培养基应立即过滤除菌,无菌保存于 4 ℃冰箱中。

8.1.4 无血清培养基

因血清所含成分复杂,同时也含有一些不可控因素,细胞毒性物质和抑制物,不仅影响细胞生长和细胞某些功能的表达,有的还会对细胞产生去分化作用,影响一些基础研究的结果。因此,一些技术要求和研究目的较高的细胞培养,如细胞生长因子研究和制备、单克隆抗体制备、细胞分泌产物的研究和制备等,都须用无血清培养基,以减少或去除异种蛋白及干扰因素。不仅对产品纯化提取有益,而且可避免异种血清所引起的过敏反应。

无血清培养基主要由基础培养基和替代血清的辅加成分组成。基础培养基一般用人工合成培养基,最常用的是 HamF 12 和 DMEM 按 1:1(体积比)混合,然后加入一定量的 Hepes 和 $NaHCO_3$ 作为基础溶液。辅加成分有:贴壁附着成分,如纤维粘连蛋白、层粘连蛋白胶原等。生长增殖成分,如一些生长因子和激素。酶抑制物,如大豆胰蛋白酶抑制剂。这些辅加成分根据细胞生长条件和实验要求添加。一般先配好储存液,过滤除菌,低温保存,要避免反复冻融。使用浓度和使用方法各不相同。如纤维粘连蛋白的配制浓度为 25~50 mg/L,用时先涂在培养瓶皿支持物上;层粘连蛋白 1~5 mg/L,可直接添加在培养液中。成纤维细胞生长因子配制浓度 2 mg/L,使用浓度 5 μg/L,可直接添加入培养液中;大豆胰蛋白酶抑制剂,使用浓度为 1~5 g/L,通常配制在基础培养液中。

8.2 影响动物细胞培养的环境因素

为了使动物细胞在体外能够顺利地存活和生长增殖,除须满足上述介绍的各种营养物质外,还需要适宜的温度、pH、氧气、二氧化碳和渗透压等环境条件。

8.2.1 温度

温度是细胞在体外生存和生长增殖的基本条件之一。来源不同的动物细胞,其最适生长温度不尽相同。例如,鱼属变温动物,其细胞对温度变化的耐受力较强,适宜冷水、凉水、温水鱼细胞培养的温度分别为 20、23 和 26 ℃;昆虫细胞为 25~28 ℃;人和多数哺乳动物细胞最适宜的温度为(36.5±0.5)℃。温度不超过 39 ℃时,细胞代谢强度与温度成正比;高于此温度范围,细胞的正常代谢和生长将会受到影响,甚至导致死亡。总的来说,细胞对低温的耐受力比对高温的耐受力强。例如,培养细胞处在 39~40 ℃ 1 h,即会受到一定损伤,但仍可以恢复;在 41~42 ℃ 1 h,细胞便会受到严重损伤;温度上升到 45 ℃时,在 1 h 内细胞即被杀死。相反,把细胞置于 25~35 ℃的较低温度时,它们仍能生存和生长,但速度缓慢,并维持长时间不死。放在 4 ℃数小时后再置于 37 ℃,培养细胞仍继续生长。如果温度降至冰点以下,则细胞可因胞质结冰而死亡。

温度除直接影响到细胞生长外,也会影响到培养基的 pH。因为温度的变化会影响 CO_2 的溶解性进而影响 pH。

8.2.2　pH

合适的 pH 也是细胞生长的基本条件之一。对于多数哺乳类动物细胞的生长,最适 pH 是 7.2~7.4。有些细胞系的生长最适 pH 略有不同,但对多数动物细胞而言一般不能超过 pH 6.8~7.6,否则将对细胞产生不利影响,严重时可导致细胞蜕变或死亡。不同种类细胞对 pH 要求不同,同种细胞处在不同生长时期的最适 pH 也不尽相同。如原代培养细胞对 pH 变动耐受性较差,传代细胞和肿瘤细胞的耐受性相对较强。生长旺盛的细胞代谢强,产生 CO_2 多,培养基 pH 降低快;如果 CO_2 从培养环境中逸出,则 pH 升高。为了维持细胞生存环境中的 pH 稳定,应该使培养基具备一定的缓冲作用,常用的是在培养基中添加 $NaHCO_3$ 以及用 Hepes 来防止 pH 的迅速波动。

8.2.3　氧气和二氧化碳

氧气是细胞新陈代谢所必需的。氧参与呼吸代谢,为细胞的生命活动提供能量。不同的细胞和同一细胞的不同生长时期对氧的需求不同。溶解氧浓度太低,细胞生长和代谢受到阻碍;溶解氧浓度太高会对细胞产生毒性,抑制细胞生长。因此,需根据具体情况,选择最佳的溶解氧水平。一般在培养初期控制较低的溶解氧水平,在对数生长期或培养后期,当细胞增多时,再提高溶解氧水平。

CO_2 既是细胞的代谢产物,也是细胞培养所需的成分之一。同时,CO_2 还和维持培养基的 pH 有直接关联。

8.2.4　渗透压

培养基的渗透压对动物细胞培养也有影响。不同细胞对渗透压的要求不同,有些动物细胞如 Hela 细胞或其他确定的细胞系对渗透压具有较大耐受性,而原代细胞和正常二倍体细胞对渗透压波动较为敏感。

·本章小结·

动物细胞的体外培养需要一定的营养环境,如用于维持细胞生长的培养基,它是提供细胞营养和促进细胞生长增殖的物质基础。培养基种类包括天然培养基、人工合成培养基,目前,常用的商品化培养基主要有 Eagle 细胞培养基、DMEM 细胞培养基、RPMI 1640细胞培养基等。除提供营养物质的培养基外,还需要平衡盐溶液模拟体内的环境,主要是由无机盐、葡萄糖组成,它的作用是维持细胞渗透压平衡,保持 pH 稳定及提供简单的营养,本章还介绍了平衡盐溶液的配制方法。

复习思考题

1. 动物细胞体外培养用液有哪些？
2. 细胞培养基有哪些种类？各有什么特点？
3. 影响动物细胞培养的环境因素主要有哪些？

第 9 章

动物细胞培养技术

▶▷ **学习目标**

- 掌握体外分离培养动物细胞的方法。
- 掌握原代培养以及传代培养的特点及方法。
- 掌握细胞克隆技术。
- 掌握几种动物细胞大规模培养工艺的特点。
- 了解动物细胞的超低温保存技术。

▶▷ **能力目标**

- 掌握细胞原代分离培养技术(详见实训部分)。
- 掌握细胞传代培养技术(详见实训部分)。
- 掌握细胞的冻存与复苏技术(详见实训部分)。

　　动物细胞培养技术是指将动物组织或细胞从机体中取出,分散成单个细胞,模拟体内的生长环境,使其在体外继续生长与增殖的技术。该技术为相关基础研究提供了诸多的便利条件。例如,能排除神经体液因素的影响及肝、肾解毒功能的干扰,可观察某些因素或药物对培养细胞的直接作用。通过获得某一类型细胞的纯培养,可以使得该类细胞的培养实验基本不受其他类型细胞的干扰,为细胞的生理生化分析以及不同细胞之间相互作用的研究创造了条件。研究者可根据不同的研究内容和目的,十分方便地在细胞培养基中添加或减去某些特殊的物质,如激素或生长因子等,这样就可以确切地了解这些因子对细胞生长发育的效应及其生理生化本质。

　　在细胞培养实验中还可利用电子显微镜、同位素标记、放射免疫法和免疫组化法等方法来研究细胞形态结构及细胞内化学物质的分布,或直接观察培养细胞生命活动的动态过程。此外,包括从低等动物、高等动物到人类的各种细胞系和细胞株的建立——其中有正常细胞株、病毒或其他因子转化的细胞株、基因突变细胞株、杂交瘤细胞株等,已成为动物细胞生物学、发育生物学、遗传学、免疫学、肿瘤生物学、神经生物学等学科研究的重要模型。动物细胞培养技术不仅对生命科学领域的基础研究有重要的促进作用,而且也是大规模生产单克隆抗体、疫苗和某些基因工程药物等产品的关键技术,同时也为组织和器官培养以及转基因动物技术、克隆技术、干细胞技术等一系列技术的发展奠定了基础。

9.1 原代培养

从动物机体内取得材料(细胞、组织或器官)培养到第一次传代前即为原代培养,也称为初始培养。任何动物细胞的培养均需从原代培养做起,但不同动物、不同组织的细胞培养难易程度差别较大。原代培养的基本过程包括取材、培养材料的制备、接种、加培养液、置培养条件下培养等步骤,在所有的操作过程中,都必须保持培养物及生长环境的无菌。

9.1.1 取材

取材是进行细胞培养的第一步,取材部位是否准确、所取材料是否保持活性、材料处理是否得当等都直接关系到体外培养的成败。因此在取材过程中,需要了解以下要求和注意事项:

①取材要注意新鲜和保鲜。新鲜组织易于培养成功,取材应尽量在4~6 h内能制作成细胞,并尽快放入培养箱内培养,若不能即时培养,应将组织浸泡于培养液内,于4 ℃存放。若组织块较大,应在清除表面血块、坏死组织、脂肪和结缔组织后,切碎于培养液内4 ℃存放,但时间不宜超过24 h。对于已切碎的组织或血液、淋巴组织应加入含10%二甲基亚砜(DMSO)的培养基,置于液氮中冷冻保存备用。

②取材应严格无菌。所取标本材料应在无菌条件下进行,若对所取材料疑有污染的可能,应将所取组织在含高浓度抗菌素(400 U/mL)甚至加入适量的两性霉素B或10%达克宁液的培养液内于4 ℃下存放2 h以上,再用PBS洗2~3次,以确保所取材料无菌。要用无菌包装的器皿或事先消毒好的带少许培养液的小瓶等便于携带的物品来盛放材料,所取材料应避免接触有毒有害的化学物质。

③取材和制作原代细胞时,要用锋利的器械,如手术刀或剃须刀片等切碎组织,尽可能减少对细胞的机械损伤。

④要仔细去除所取材料上的血液(血块)、脂肪、坏死组织及结缔组织,切碎组织时应避免组织干燥,可在含少量培养液的器皿中进行。

⑤取材应注意组织类型、分化程度、年龄等,一般来讲,胚胎组织较成熟个体组织容易培养,分化低的较分化高的组织容易生长,肿瘤组织较正常组织容易培养。取材时应尽量选用易培养的组织进行培养。

⑥原代细胞取材时要同时留好组织学标本和电镜标本。对组织的来源、部位、包括供体的情况要做详细的记录,以备日后查询。

9.1.2 常用材料的取材技术

1)皮肤和黏膜的取材

皮肤和黏膜是上皮细胞培养的重要组织来源,主要取自手术过程中的皮片,方法类似于外科取断层皮片手术操作,但面积一般控制在2~4 cm²即可,这样局部不留瘢痕。若对烧伤

皮肤进行上皮细胞膜片移植,可从大腿或臀部取较大皮片,可取 $2\sim4\ cm^2$ 皮片,但取材时不要用碘酒消毒;若培养上皮细胞,取材时不要切取太厚,尽可能去除所携带的皮下或黏膜下组织;若欲培养成纤维细胞,则反之。皮肤黏膜与外界相通部位,因表面细菌、真菌很多,取材时应严格消毒,必要时要用高浓度抗菌素和适量两性霉素 B 漂洗、浸泡。

2) 内脏和实体瘤的取材

内脏除消化道外基本是无菌的,但取材时要明确和熟悉所需组织的类型和部位。实体瘤取材时要取肿瘤细胞丰富的区域,要避开破溃、坏死部分,以防污染,尽量去除混杂的结缔组织,否则在培养后,由于成纤维细胞的生长给以后的培养工作增加困难。

3) 血液细胞的取材

血液及淋巴组织中的血细胞、淋巴细胞的取材,一般多抽取静脉外周血,或从淋巴组织中(如脾、扁桃体、胸腺、淋巴结等)分离细胞,取材时应注意抗凝,通常采用肝素抗凝,抽血的针筒也要用肝素湿润,若从血站取来献血员的血液,因血站不用肝素抗凝剂,常用含枸橼酸盐抗凝,对此类血标本千万不能用含钙、镁离子的洗液来处理细胞,因为此时的钙、镁离子可加速血液中凝血酶促进血液凝固而影响收获血细胞及淋巴细胞。

4) 动物组织取材

(1) 鼠胚组织取材

首先用引颈或气管窒息致死法处死胎龄合适的怀孕雌鼠,然后将整个动物浸泡在含有75%乙醇的烧杯中,2 min 后(注意时间不能太长,以避免乙醇从口或其他通道进入体内,影响组织活力)取出动物,在消毒过的木板上可用无菌的图钉或大头针固定四肢,切开皮肤,用无菌操作法解剖取胚或用无菌止血钳挟起皮肤、用眼科剪沿躯干中部环形剪开皮肤,用止血钳分别挟住两侧皮肤拉向头尾,把动物反包,暴露躯干,然后再固定,更换无菌解剖器材,采用无菌操作法解剖取出胚胎。

(2) 幼鼠胚肾(或肺)取材

幼鼠采用上述方法处死消毒后,腹部朝上固定在木板上,先切开毛皮并拉开至两侧,然后采用无菌法打开胸腔取肺;或背部朝上固定在木板上,先将背部毛皮切开游离并拉向两侧,然后采用无菌法从背部打开腹腔取肾。

5) 鸡(鸭)胚胎组织取材

取孵化至适当胚龄的胚蛋,用照蛋器在暗处灯检,若有丰富血管、胚体有运动的胚蛋,说明胚体发育良好,并用有色笔画出气室和胚体位置。将胚蛋大头朝上置于蛋架上,经碘酒、75%酒精消毒后,在无菌条件下采用无菌法用剪刀或中号镊子打开气室,沿气室边缘去除蛋壳,再用眼科镊撕去壳膜,暴露出鸡胚,再用弯头镊轻挑起胚头,取出胚胎,放入无菌培养皿中,根据需要进行解剖取材。在鸡的病毒与疫苗研究中常用到鸡胚培养技术。

9.1.3　分离细胞

动物体内(或胚胎组织)各种组织均由多种细胞和纤维成分组成,一般体积大于 $1\ mm^3$ 的组织块置于培养瓶后,处于周边的少量细胞可能生存和生长,而大部分内部细胞因营养物质穿透有限而代谢不良,且受纤维成分束缚而难以生长。为获取大量生长良好的细胞,必须把

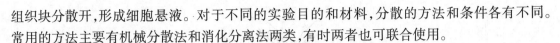

组织块分散开,形成细胞悬液。对于不同的实验目的和材料,分散的方法和条件各有不同。常用的方法主要有机械分散法和消化分离法两类,有时两者也可联合使用。

1)机械分散法

若所取材料纤维成分很少,如脑组织,部分胚胎组织可采用剪刀剪切、用吸管吹打分散组织细胞或将已充分剪碎分散的组织放在注射器内(用九号针头),使细胞通过针头压出,或在尼龙筛(不锈钢网筛)内用钝物压挤(常用注射器钝端)使细胞从网孔中压挤出。此法分离细胞虽然简便、快速,可避免细胞受化学物质影响,但易对组织造成机械损伤,而且细胞分散效果差。此法仅适用于处理纤维成分少的软组织,如图9.1所示。

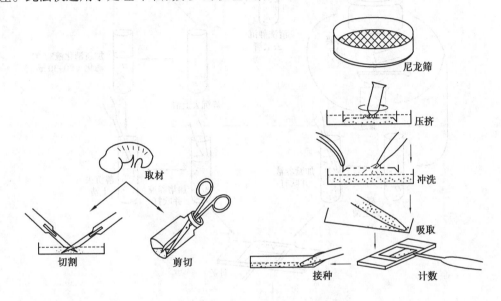

图9.1　机械分散法操作示意图

2)消化分离法

消化分离法是用酶或螯合剂把已经剪切成较小体积的组织块进一步分散,使之成为小细胞团或单个细胞状态的方法。消化作用主要是除掉细胞间质,使细胞相互散开,但不损害细胞本身。该法制得的细胞悬液经接种培养后容易贴壁生长。不同组织可选用不同的消化手段。

(1)胰蛋白酶消化法

胰蛋白酶是从动物胰脏中分离提取的一种水解酶,可使细胞间质中的蛋白质水解而使细胞分散开。在常用的蛋白酶中由于产品的活力和纯度不同,对细胞的消化能力也不同,胰蛋白酶的消化效果取决于细胞类型、酶的活力、配制的浓度、消化的温度、无机盐离子、pH以及消化时间的长短等。该酶常用的浓度一般在0.1%~0.5%,pH为8~9。一般温度低、组织块大、酶浓度低时消化时间长;反之,应减少消化时间。酶浓度过大和消化时间过长,会导致细胞被消化掉,当然消化不足也达不到分散细胞的目的。

胰蛋白酶消化法有热处理(37 ℃)和冷处理(4 ℃)两种不同的处理方法,如图9.2所示。热处理法所需时间较短,较常用;而冷处理法对细胞的损伤较小,有利于获得较多的活细胞和较多的细胞类型。

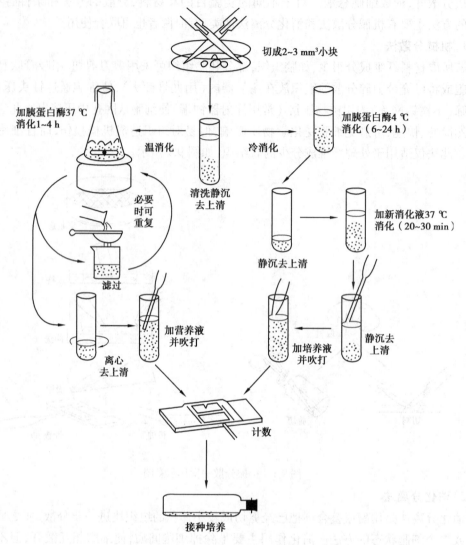

图 9.2　胰蛋白酶消化法操作示意图

热处理法的流程如下：

①将组织用刀切成 2~3 mm³ 大小的小块，或用剪刀剪碎。用不含钙镁离子的 Hanks 液洗涤组织小块。

②将组织小块转移到试管或离心管中，加入符合要求的 BSS 溶液，静置 10 min，间或摇动或搅拌。

③吸去 BSS，加入酶液。密封管口后，在 37 ℃ 条件下消化 1~4 h，中间摇动数次。在组织块量较大时，可将材料转移到胰蛋白酶消化瓶或三角瓶内，加入胰蛋白酶消化液，放在磁力搅拌器上，37 ℃ 下搅拌消化。

④消化一定时间后，待组织小块下沉后，过滤或离心分离收集细胞悬液。下沉小块内再加入新鲜的胰蛋白酶液，重复进行步骤③的消化过程，并再次收集细胞悬液，与前面收集的已冷却的悬液合并。可以反复重复消化和收集过程，直至消化完为止。

⑤将得到的细胞悬液离心去除胰蛋白酶消化液。

⑥将细胞重新悬于培养液中,用血球计数板计数。用培养液将细胞悬液稀释,一般细数为 10^6 mL,然后接种到培养瓶内培养。

（2）胶原酶消化法

胶原酶是一种由细菌中提取出的酶,对胶原成分有强烈的消化作用,适用于消化较硬、含较多结缔组织或胶原成分的组织,它对细胞间质有较好的消化作用,对细胞本身影响不大,可使细胞与胶原成分脱离而不受伤害。该酶在 Ca^{2+} 和 Mg^{2+} 存在下仍有活性,血清也不易使其失活,因此可用含有 Ca^{2+} 和 Mg^{2+} 的 BSS 配制或溶于含血清的培养液中。

将剪碎并用 BSS 洗涤过的组织小块放入培养液内,加入胶原酶溶液,使胶原酶的最终浓度为 200 U/mL 或 0.1~0.3 mg/mL,37 ℃温育消化。温育时间则与所需解离的组织有关,一般需 4~48 h,在解离某些肿瘤组织时,可能需要温育 5 天或更长时间。

（3）其他消化酶消化法

除上述两种常见的消化酶外,还有其他一些消化酶,如链霉蛋白酶。据报道该酶适应范围较广,分散效果也好。但该酶不受血清影响,故消化后应充分漂洗,此酶也不适于做传代时的消化处理。粘蛋白酶、蜗牛酶、透明质酸酶、溶菌酶、木瓜蛋白酶等也是可以用于制备培养细胞的消化酶。在使用时,应根据欲分离组织的具体成分而定,需要时可将几种酶联合使用,如胶原酶和透明质酸酶协同作用有助于分离大鼠或兔的肝脏细胞。

（4）螯合剂消化法

可用来消化组织的螯合剂有柠檬酸钠、EDTA-Na$_2$ 等。它们是非酶消化物,常用不含 Ca^{2+} 和 Mg^{2+} 的 BSS 配成 0.02% 的工作液,对一些组织尤其是上皮组织分散效果较好。EDTA 的主要作用是通过螯合细胞间质中的 Ca^{2+} 和 Mg^{2+},利用结合后的机械力使细胞变圆而分散细胞或使贴壁细胞从瓶壁上脱离。

EDTA 的作用比胰蛋白酶缓和,单独消化新鲜组织时少用。EDTA 最适用于消化传代细胞,消化 5~10 min 后,用 BSS 洗 2~3 次,加入培养液,用吸管从瓶壁上把细胞吹打下来,制成悬液进行培养。EDTA 和胰蛋白酶以不同比例联合使用效果较好,不仅利于细胞脱壁又利于细胞分散,还可降低胰酶的用量和毒性作用。EDTA 不受血清抑制,因此消化后需彻底漂洗,否则会影响细胞生长。

9.1.4 原代培养常用方法

原代细胞往往由多种细胞组成,比较混杂,即使从形态上为同一类型(上皮样或成纤维样),但细胞间仍有很大差异。如果供体不同,即使组织类型、部位相同,个体差异也照样存在,原代细胞生物特性尚不稳定,如需做较为严格的对比实验研究,还需进行短期培养。

1）组织块培养法

组织块培养是常用、简便易行和成功率较高的原代培养方法,也是早期采用培养细胞的方法,曾被称为组织培养。

将剪成的小组织团块接种于培养瓶(或皿)中,瓶壁可预先涂以胶原薄层,以利于组织块

粘着于瓶壁,使周边细胞能沿瓶壁向外生长,方法简便,利于培养,部分种类的组织细胞在小块贴壁24 h后细胞就从组织块四周游出,然后逐渐延伸,长成肉眼可以观察到的生长晕,5~7天后组织块中央的组织细胞逐渐坏死脱落和发生漂浮,此漂浮小块可随换液而弃去,由组织块周围延伸的贴壁细胞也逐渐形成层片,可在显微镜下观察形态和用于实验研究。其具体操作方法如图9.3所示。

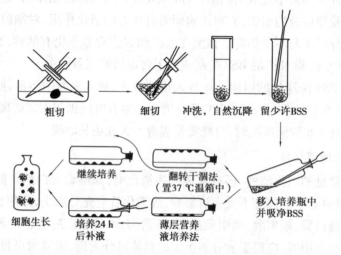

图9.3 组织块原代培养操作示意图

①按照前述方法取材,将组织剪成或切成1 mm³左右的小块,并加入少许培养基使组织湿润。

②将小块均匀涂布于瓶壁,每小块间距0.2~0.5 cm,一般在25 mL培养瓶(底面积为17.5 cm²)接种20~30小块为宜,放置完成后轻轻翻转培养瓶,使瓶底朝上,然后于瓶内加入适量培养基盖好瓶塞,将瓶倾斜放置在37 ℃培养箱内培养。

③培养2~4 h待小块贴附后,将培养瓶缓慢翻转平放,静置培养,动作要轻,切忌摇动和振荡,以防引起小块漂起而造成培养失败。若组织块不易贴壁可预先在瓶壁涂一薄层血清。开始培养时培养基不宜多,以保持组织块湿润即可,培养24 h后再补液,培养初期移动和观察时要轻拿轻放,开始几天尽量不要搬动,以利于贴壁和生长,培养3~5天后可换液,一方面补充营养,另一方面除去代谢产物和漂浮小块所产生的毒性作用。

2)单层细胞培养法

单层细胞培养是将分离得到的细胞根据实验要求用培养液配制成所需浓度的细胞悬液,接种到培养瓶(皿)内,水平放置进行培养。每隔1~2天更换培养液一次。细胞可在瓶(皿)底壁贴壁生长,培养一段时间后可形成一细胞单层。

单层细胞培养方法更换新鲜培养液比较容易。例如,先用含血清培养液培养,然后可以方便地更换为无血清培养液培养,用于观察某些因子加到培养液后所起的作用,以及从培养液中减去某些因子后对细胞生长的影响;如果实验要求细胞密度较高时,较容易采用灌注技术提供高密度细胞所需的营养成分;另外,当细胞粘附在基质上后,更容易表达某些产物;而且单层细胞培养适用于许多细胞系。

3)悬浮细胞培养法

悬浮细胞培养是指细胞悬浮在培养液中生长增殖的培养方式。如淋巴细胞、骨髓细胞和许多肿瘤细胞(包括杂交瘤细胞)以及某些转化细胞等非贴壁依赖性的动物细胞都可悬浮在培养液中生长。细胞悬液的制备方法如图9.4所示。

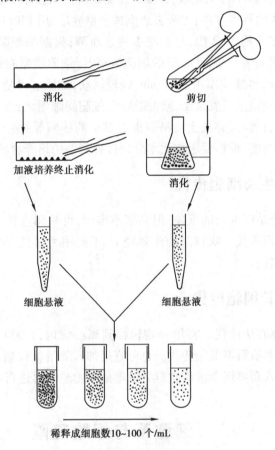

图9.4 细胞悬液制备示意图

9.2 传代培养

随着培养时间的延长,原代培养的细胞不断分裂增殖,细胞数量不断增加。达到一定程度后,由于营养物质消耗殆尽、接触抑制发生以及培养空间不足等原因,细胞生长会逐渐减慢、停滞直至死亡。为了维持细胞的存活和不断生长,必须将原代培养容器内的细胞进行分离、稀释并接种到新培养容器内继续扩大培养,这个过程就称为传代培养或再培养。原代培养的首次传代是建立细胞系的关键时期,首次传代的细胞接种量要多些,使细胞尽快适应新环境,以利于细胞的生存和增殖,以后可以增加传代比率。传代培养也是一种将细胞种保存下去的方法,同时也是利用培养细胞进行各种实验的必经过程。悬浮细胞直接分瓶即可,贴壁细胞需消化后才能分瓶,传代的具体方法主要根据细胞生长的特点来决定。

9.2.1 贴壁生长细胞传代

贴壁生长细胞传代必须采用消化法。根据细胞贴壁牢固程度的不同,可以选用不同浓度的胰蛋白酶液或螯合剂(EDTA)消化液,必要时还需联合使用胶原酶或其他酶消化液。

贴壁生长细胞传代的具体方法:先吸去或倒掉旧培养液,用 PBS 或其他无钙离子、镁离子的 BSS 溶液轻缓漂洗培养物 1~2 次,尽量洗去残余血清;根据细胞贴壁的牢固程度,加入适当浓度的消化液轻轻摇动培养瓶,使贴壁的细胞游离;待细胞层略有松动,肉眼可观察到"薄膜"现象时,倒掉消化液,再继续作用 2~3 min,轻轻摇动,细胞层可随残留的消化液呈片状从瓶壁上脱落下来,在显微镜下可发现细胞回缩变圆,细胞间隙增大;立即加入蛋白酶抑制剂或者血清培养液终止消化;离心,弃去上清液及混含其中的胰酶等;换入新鲜培养液,重新悬浮细胞,计数并调整细胞密度,根据要求按比率分别接种到新的培养容器中继续培养。

9.2.2 半悬浮生长细胞传代

此类细胞呈现部分贴壁生长的现象,但贴壁不牢固,可采用直接吹打的方法使细胞从瓶壁上脱落下来,然后进行传代。吹打时动作要轻柔,不要用力过猛,尽可能不要出现泡沫,以避免造成细胞的机械损伤。

9.2.3 悬浮生长细胞传代

悬浮细胞多采用离心法传代。将培养物转移到离心管内,1 000 r/min 离心后弃去上清液,沉淀细胞加入新培养液后再混匀传代。也可直接加入等量新鲜培养液后吹打分散进行传代,或用自然沉降法加入新鲜培养液后吹打分散形成细胞悬液再进行传代。

9.3 细胞系与细胞克隆

9.3.1 细胞系(株)的建立

传代培养的过程就是细胞系的建立过程,原代培养物经首次传代成功后即成细胞系。因此,细胞系就是指从原代培养物经传代培养后得来的一群不均一的细胞,是由原先存在于原代培养物中的各种细胞类型所组成。原代培养物所含的细胞类型多而杂,因此在培养初期,存活和生长的细胞类型也是多种多样的。随着培养时间的延长,培养物所含各种类型细胞间的生长显现出差异。有的经过适应生长阶段而增殖生长,而另一些细胞,或者死亡或者经过逐步退化而至死亡,培养物的细胞类型往往由复杂逐步变为以一种细胞为主的细胞群体。各种细胞系的寿命是不同的,如果细胞系不能继续传代或传代次数有限,称为"有限细胞系",大多数二倍体细胞为有限细胞系。当一个细胞系在体外培养表现出具有无限传代的潜力时,称为"连续细胞系"或"无限细胞系"。

通过选择或克隆化培养,从原代培养物或细胞系中获得的具有特殊性质或标志的细胞群称为细胞株,这些特殊性质或标志在以后的培养中必须持续存在。与细胞系分类相同,不能继续传代或传代数有限的细胞株,称为"有限细胞株";可连续传代的细胞株,称为"连续细胞株"。

由于细胞系和细胞株组成比较均一,生物性状比较清楚,能传代培养,已被广泛应用于科学研究和生物药物的生产。当今世界上已建立的各种细胞系(株)不计其数,常用的有 Hela(人宫颈癌)细胞系、Vero(非洲绿猴肾)细胞系、BHK(小仓鼠肾)细胞系、CHO(中国仓鼠卵巢)细胞系等。

9.3.2　细胞克隆技术

细胞克隆技术又称单细胞克隆技术或单细胞培养技术,即从细胞群体中分离出一个细胞进行单独培养,使其繁殖成一个新的细胞群体,这种由单个细胞所形成的细胞群(或集落)称为一个克隆,这种经纯化后的细胞群体称为细胞株。它们当中每个细胞的遗传特征和生物学特性极为相似和一致,有利于对不同群体细胞的形态和功能进行比较和研究。就理论上而言,各种细胞都可用来进行克隆培养,但实际上能够进行克隆培养的细胞一般只是一些细胞活力强、增殖能力强以及对体外生长环境适应性强的细胞。原代培养细胞和有限细胞系克隆培养比较困难,无限细胞系、转化细胞系和肿瘤细胞则比较容易。细胞克隆技术有多种方法,常见的有稀释铺板法、饲养层克隆法、胶原模板或血纤维蛋白膜层板克隆法、琼脂克隆法等。

1) 稀释铺板法

先制备低密度的细胞悬液,在培养板的各孔中分别接种细胞悬液,使每孔平均含 1 个细胞,也可用培养皿或培养瓶作为培养器皿。置于 37 ℃ 5%CO_2 培养箱内培养,待细胞下沉并贴附于培养板孔底后,取出在倒置显微镜下观察,标记含单细胞的孔,然后放回 CO_2 培养箱中继续培养。数日后,凡在已标记的孔中有生长增殖的细胞即为克隆细胞。待孔内细胞增殖至 500~600 个时将克隆分离,重新接种扩大培养。稀释铺板法克隆培养操作过程如图 9.5 所示。

2) 饲养层克隆法

细胞的生长增殖除取决于细胞特性、培养体系和培养条件外,还需要一定的细胞密度。为促使刚刚克隆化的极少量细胞生长增殖,可使用"饲养细胞"来促进克隆的形成。"饲养细胞"也称滋养细胞,是一层经过丝裂霉素 C 处理或射线照射后失去分裂能力,但仍存活,能促进克隆细胞生长的细胞层。常用的有成纤维细胞、胸腺细胞和巨噬细胞等。因为饲养细胞制备较为烦琐,在应用稀释铺板法克隆培养细胞后,已很少再用。但作为生长基质,用以培养某些难培养的细胞时仍有一定的应用价值。

饲养层的制备方法:取人或动物胚胎成纤维细胞等用胰蛋白酶消化后接种入培养瓶内。待细胞生长到半汇合状态时,按 2 μg/10^6 个细胞的量加入丝裂霉素 C 后过夜,或者用剂量为 30~50 Gy 射线照射处理培养物。以 BSS 漂洗培养物后换新鲜培养液再培养 24 h。用胰蛋白酶消化后,再用培养液制成细胞悬液,一般按细胞数 10^4 个/cm^2 接种到培养皿内,放置于 CO_2 培养箱内培养 24~48 h 后,倒掉旧培养液,细胞层作为克隆化的饲养层。将稀释细胞数为 20~30 个/mL 的细胞悬液接种到具有饲养层的培养皿内,另外将细胞悬液接入没有饲养层的培养器皿内作为对照。接种后放置于 CO_2 培养箱内培养。每周或 2~3 天更换培养液,培养 2~3 周观察克隆的形成,最后检测并计克隆数目。

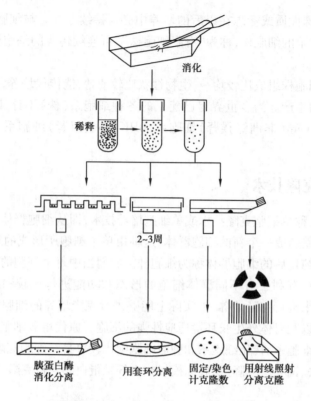

消化

稀释

2~3周

胰蛋白酶
消化分离　　用套环分离　　固定/染色,　用射线照射
　　　　　　　　　　　　计克隆数　　分离克隆

图9.5　稀释铺板法克隆培养操作示意图

3)胶原膜板或血纤维蛋白膜板层克隆法

原代培养细胞容易黏附于胶原膜层或血纤维膜层等生长基质之上。在细胞克隆中,用胶原膜层或血纤维膜层代替饲养细胞可帮助单个细胞和密度极低的分散细胞黏附和贴壁、存活并逐渐增殖。

血纤维蛋白膜板层的制备方法:取0.2 μg凝血酶溶于100 mL克隆培养液中作为A液;取250 mg牛血纤维蛋白原、800 mg NaCl、25 mg柠檬酸钠溶于1 000 mL重蒸水中作为B液。取B液1 mL和A液4 mL放入组织培养器皿内混合,几分钟之内便可形成透明胶层。

取对数生长期培养物用胰蛋白酶消化后制成细胞悬液,用克隆培养液稀释细胞悬液,一般以每个培养皿可生长1~10个克隆的细胞浓度为最适。将细胞悬液按所需数目接种入铺有基质层的培养器皿内,置CO_2培养箱内培养。每周更换培养液,几周后可见有由500~1 000个细胞形成的群落,检测并计克隆数目。

4)软琼脂克隆法

软琼脂层可帮助细胞贴附生长,但琼脂中含有酸性硫酸多糖,对多数细胞有一定的抑制作用。可是对有些细胞,特别是病毒转化细胞以及恶性转化细胞却无太大影响。因此,测试细胞能否在软琼脂层上生长,已成为检测恶性转化细胞的重要指标。操作方法:配制2%琼脂母液,经高压蒸气灭菌后储存备用。准备进行实验时,将2%琼脂母液加热熔化后自然降温,然后浸入45 ℃水浴中;将完全培养液也浸于45 ℃水浴中温育。取完全培养液和2%琼脂液配成0.33%琼脂的培养液,按每管2.5 mL琼脂培养液分装入试管中,仍浸于45 ℃水浴中以保持琼脂呈液态待用。

用胰蛋白酶消化细胞,用克隆培养液逐级稀释细胞悬液,并将稀释悬液浸于冰浴中。分别在琼脂试管内加入含不同细胞浓度的细胞悬液 0.5 mL,混合后立即倾入培养皿内铺平。放置于 4 ℃使其凝固。然后置于 CO_2 培养箱中培养,观察培养结果,计克隆数。

9.3.3 克隆的分离

克隆形成后,需要将克隆分离出来进行培养。常用的分离方法有克隆环分离法、射线照射分离法和半固体培养基分离法。

1) 克隆环分离法

克隆过程中形成的细胞群落在培养皿上分布不均,而且群落与群落之间没有天然界限。因此必须人为地给克隆群落创建一个隔离环境以便进一步分离。克隆环就是一种可以用来隔离克隆的工具。厚壁不锈钢环、尼龙或特氟隆塑料环等都可用作克隆环。克隆环底部必须光滑,内径可以恰好套进一个克隆,外径不接触到相邻的克隆。分离方法:取已形成克隆的培养皿,在显微镜下检查并将选择到的克隆做好标记,倒掉培养液。用镊子取一只已消毒过的克隆环,将其压到预先已倒入培养皿内灭过菌的硅润滑油上,使润滑油扩散到克隆环的底部。然后将浸有润滑油的克隆环放到选定的克隆上,将克隆套进去。借助硅润滑油和克隆环将克隆隔离。按同样方法将所有选中的克隆都分别套好。在每一个环内加满足够量的 0.25%胰蛋白酶,停留 20 s 后将胰蛋白酶吸出,盖好器皿,37 ℃温育 15 min。在每个环内加入足够的培养液,用弯头滴管吹打分散细胞。将细胞移入培养瓶内,注意每一个克隆用一只滴管,以免克隆间的交叉污染。再用新鲜培养液漂洗环内剩余细胞,合并放入同一培养瓶内。加入约 1 mL培养液,维持培养瓶竖立培养。待细胞生长茂盛时去除培养液,用胰蛋白酶消化细胞。重新悬浮于 5 mL 培养液中,然后再将培养瓶平放,继续培养,如图 9.6 所示。

从克隆环内消化所得的细胞也可以用多孔板培养。将细胞接种入孔内,待细胞生长充满孔时,用胰蛋白酶消化细胞,并移入培养瓶内,加入约 5 mL 培养液,继续培养。

2) 射线照射分离法

在显微镜下检查克隆,将选中的克隆做好标记。将培养瓶倒置于 X 射线机下或钴-60 源下,取一片 2 mm 厚的铅片盖住选中的克隆,用 30 Gy 照射。倒掉培养液,用胰蛋白酶消化细胞,加入新鲜培养液继续培养。此时,经射线照射过的细胞可作为饲养层存在。

3) 半固体培养基分离法

取一块 24 孔培养板,每孔加入 1 mL 培养液。用毛细滴管的尖端插入半固体培养基内,并靠近选中的克隆,轻轻吸取群落。将吸取的群落转移到培养板的孔内,吸吹培养液,将克隆细胞冲入孔内,也可直接放入竖立的培养瓶内进行培养。待细胞生长满孔或者在竖立的培养瓶中生长茂盛后,用胰蛋白酶消化并移入培养瓶内平放继续培养。

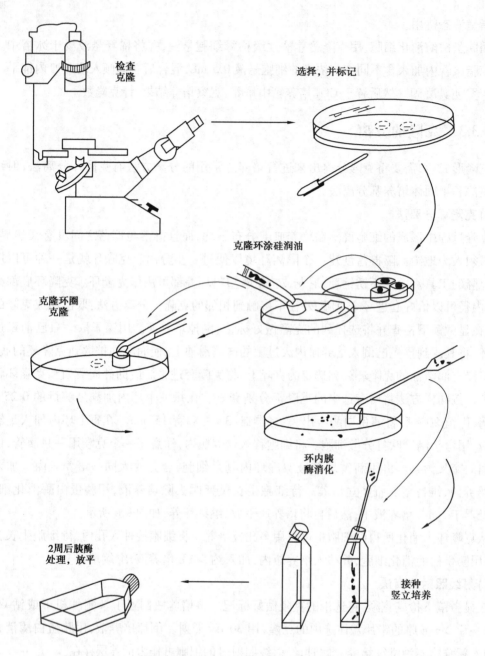

检查
克隆

选择，并标记

克隆环涂硅润油

克隆环圈
克隆

环内胰
酶消化

2周后胰酶
处理，放平

接种
竖立培养

图 9.6　克隆环分离克隆操作示意图

9.4　动物细胞的大规模离体培养技术

　　动物细胞大规模培养技术是指在生物反应器中高密度培养动物细胞,用于生产所需要的生物制品的技术。动物细胞的大规模培养与实验室常规培养的主要区别不仅表现在培养规模的不同,而且还表现在所采用的培养方式及工艺的不同。实验室常规培养一般是用含血清的培养液,将细胞放在培养板、培养皿或各种培养瓶等容器中进行培养。培养容器的体积一般很小,不超过 1 L,因此培养的细胞及其分泌的产物数量都是有限的,难以达到研究和实际应用的需要。应用大规模细胞培养系统,不仅可以获得足够量的有应用价值的细胞,而且也可以得到大量的由动物细胞合成并分泌的、在临床或研究中有应用价值的生物活性物质,如各种疫苗、干扰素、激素、生长因子和单克隆抗体等产品。该技术的建立和发展,不仅大大促进了生物学和医学的进步,也带来了巨大的社会效益和经济效益,而且将获得越来越广泛的应用。

由于动物细胞无细胞壁,且易受外力损伤,对剪切力敏感,适应环境能力差,而且生长缓慢,对营养要求复杂而严格,对温度、pH 和溶解氧等环境条件也很敏感。另外,大多数动物细胞在离体培养具有贴壁依赖性,还有接触抑制等特点,因此对培养系统有比较高的要求。目前已开发出了一些各具特点的适用于动物细胞大规模培养的技术和系统。

9.4.1 气升式培养系统

气升式生物反应器主要包括内循环式和外循环式两种类型,动物细胞的大规模培养多采用内循环式,如图 9.7 所示。其基本原理是气体从反应器底部的喷射管进入反应器的中央导流管,使得中央导流管侧的液体密度低于外部区域从而形成循环。气升式生物反应器产生的湍流温和而均匀,剪切力相当小,反应器内没有机械运动部件,细胞损伤率比较低;同时由于采用直接喷射空气供氧,氧传递速率高;液体循环量大,能使细胞和营养成分均匀地分布于培养基中。由于采用了直接喷射通气,由通气产生的气泡难以避免,故气泡对细胞的损伤作用是气升式反应器应用的主要障碍。气升式反应器主要用于悬浮细胞(如杂交瘤细胞)的培养。

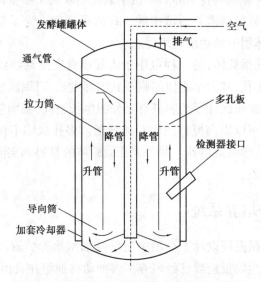

图 9.7 内循环气升式生物反应器结构示意图

英国的 Celltech 公司最早成功应用气升式生物反应系统进行了动物细胞培养,该公司在 1985 年用 100 L 的气升式生物反应器培养杂交瘤细胞生产单克隆抗体获得成功,以后又逐级放大,现已开发出 10 000 L 规模的气升式生物反应器用于各类单抗的大量生产。和传统的培养瓶、滚瓶等培养方法相比,利用气升式生物反应器能够大大提高产量。目前,已有不少利用

气升式生物反应器培养哺乳动物细胞、昆虫细胞、杂交瘤细胞生产生物产品的报道。

9.4.2 微载体培养系统

微载体培养技术基本原理是利用固体小颗粒作为载体,使细胞在载体的表面附着,通过连续搅拌悬浮于培养液中,并成单层生长、增殖。这样既能使贴壁依赖性细胞贴附在微载体表面进行生长,又可将贴附着细胞的微载体像非贴壁依赖性细胞一样在生物反应器中进行大规模悬浮培养,所以该技术具有单层细胞培养和悬浮培养的双重优点。

微载体是指直径在 50 μm 到数百微米不等、适合动物细胞贴附和生长的微珠。目前微载体已经商品化,制备微载体的材料主要是葡聚糖类、各种合成的高分子聚合物、纤维素、明胶和玻璃等。

微载体培养系统可为细胞生物学研究和病毒及其他生物制品的生产提供大量细胞,也为某些不能在悬浮培养情况下生长的细胞,如原代细胞、二倍体细胞转向悬浮培养及大量增殖提供有效手段。

微载体系统特点:由于微载体可在反应器中提供大的表面积,因此单位体积培养液的细胞产率高;采用悬浮培养,生长环境均一,条件易于控制;细胞与培养液易于分离,较容易收集细胞、取样和计数;大规模培养只需对微生物发酵罐或气升式培养系统稍加改进即可;适合于多种贴壁依赖性细胞培养,包括原代细胞和二倍体细胞株等。

但是,由于细胞生长在微载体表面,易受剪切力损伤,不适合贴壁不牢的细胞生长;微载体价格较贵,一般不能重复使用;需要较高的细胞接种量,以保证每个微载体上都有足够的贴壁细胞。另外,即使是贴壁细胞,在培养后期由于老化而降低了贴壁能力时,细胞也容易从微载体上脱落下来,同时细胞贴壁需要血清中的一些因子帮助。为了克服这些不足,近年来人们又开发了系列多孔载体用于动物细胞培养。

多孔微载体或称大孔微载体,是一种可用于大规模高密度动物细胞培养的支持物,其内部具有若干网状结构的小孔,其大小能使细胞在其内部生长,可以减少血清用量,增加细胞的固定化稳定性,大的比表面积保证了细胞具有充分的生长空间,细胞生长在载体内部,能使细胞免受机械损伤,同时又可以提高搅拌强度和通气量。多孔载体不仅能培养贴壁细胞,也适合于悬浮细胞的固定化连续灌流培养。制备大孔微载体的材料和实心载体的一样,但目前研究较多、应用最多的是明胶。

9.4.3 中空纤维培养系统

自 1972 年模拟体内微循环设计了小型中空纤维细胞培养装置以来,该技术得到了不断的改进和完善,应用这种生物反应器已经培养了多种动物细胞并获得了珍贵的生物产品。该反应器是把细胞限制在具有半透膜性质的中空纤维内生长,培养液从中空纤维管中流过,细胞主要通过半透膜获得营养物质和氧,如图 9.8 所示。

中空纤维反应器是一个特制的容器(如圆筒),培养筒内可以封装数千根中空纤维,中空纤维是用聚矾或丙烯的聚合物制成。在圆筒内形成了两个空间:每根纤维的管内成为"内室",可灌流无血清培养液供细胞生长;管与管之间的间隙成为"外室",接种的细胞就贴附在外室的管壁上,并吸取从"内室"渗透出来的养分,迅速生长增殖。培养液中的血清也输入到"外室",由于血清和细胞分泌物的相对分子量大而无法穿透到"内室",只能留在"外室"并且不断被浓缩。当需要收集这些产物时,只要将管与管之间的"外室"总出口打开,产物就流出来了。代谢废物属于小分子物质,可从管壁渗透进"内室",最后可从"内室"总出口排出,如图9.9所示,不会对"外室"的细胞产生毒害作用。

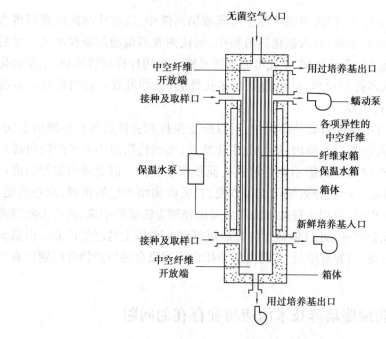

图 9.8　中空纤维反应器结构示意图

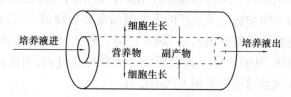

图 9.9　中空纤维反应器中物质交换示意图

由于能较快速地获得营养物质和氧,细胞在靠近膜的部位得以优势生长。当细胞长至一定的密度时,细胞富集在膜表面,往往造成膜孔堵塞,远离膜的细胞得不到足够的营养物质和氧而生长缓慢或死亡。双腔中空纤维反应器对此有所改进。双腔纤维膜反应器,实际上就是将若干小的单腔纤维反应器,放置于粗纤维或硅胶管中,在外管和小的单腔纤维反应器之间形成又一壳层,可通入空气或培养液,从而强化细胞的氧和营养物质的供给。与单腔式中空纤维反应器系统相比,双腔中空纤维反应器系统在营养的供给方面有较大改善。

中空纤维培养系统的规模放大,可通过多单元组件的并联来实现。至于营养物质沿流向的梯度衰减,也可以通过优化反应器的设计和操作加以解决,例如减小反应器的长度、提高培养液的流速,均能降低营养物浓度的梯度变化。

中空纤维反应器的优点是无剪切、传质效率高,可用于培养悬浮生长的细胞和贴壁依赖性细胞,培养细胞的密度和产物浓度都可达到比较高的水平,而且细胞生长周期长,培养系统

占用空间小。但它不能重复使用,因为在使用的过程中,大分子物质很容易吸附在膜的表面而造成膜孔堵塞,其在大规模动物细胞的体外培养中应用潜力并不大,但在人造器官方面则具有较好的应用前景。

9.4.4　微囊培养系统

微囊技术是指在无菌条件下,将活细胞悬浮于海藻酸钠溶液中,通过特制的成滴器将含有细胞的悬液形成一定大小的小滴,滴入氯化钙溶液中,形成内含活细胞的凝胶小珠。然后将凝胶小珠用多聚赖氨酸包被,形成坚韧、多孔可通透的外膜。再用柠檬酸等处理,重新液化凝胶小珠,使其成胶物质从多孔膜流出,活细胞留在多孔外膜内,即可放入适当的培养系统(如气升式培养系统)中进行培养。

微囊内的活细胞由于有半透性微囊外膜保护,可以防止搅拌和直接通气对细胞的损伤。营养物质和氧气能通过多孔外膜进入囊内,供细胞生长所需;细胞代谢的小分子产物可排出囊外。细胞分泌的大分子产物如IgG,因不能透过膜孔而积聚在囊内。因此囊内细胞密度可以很大,细胞分泌产物含量高。产物分离纯化也较方便,只需收集培养过的微囊,离心沉淀,用BSS洗涤,除去粘附的培养液,再用生理盐水洗涤后采用物理方法破碎小珠,离心去除微囊碎片及细胞,抗体便留在上清液中,此抗体经过纯化后可得到95%以上纯度的产品。但微囊制作过程较复杂,成功率不高,培养液用量大,囊内部分死亡的细胞会污染产物等问题还有待进一步改进。

9.4.5　大规模动物细胞培养技术的应用和存在的问题

利用生物反应器大规模培养动物细胞生产有重要价值的产品已经成为生物医药产业的重要组成部分。目前用动物细胞培养生产的生物制品主要有疫苗、干扰素、单克隆抗体、基因重组产品等。由于动物细胞能精确地转录、翻译和加工较大且复杂的蛋白质,而且还可以把目的蛋白分泌到培养液中,从而简化了蛋白质的分离和纯化过程,因此利用动物细胞大规模培养技术生产相关生物制品越来越受到人们的重视。

由于动物细胞离体培养的生物学特性、产物的复杂性以及质量一致性的要求,动物细胞大规模培养技术尚不能满足生物制品规模化生产的要求。目前存在的主要问题:细胞密度和产物浓度偏低;细胞群体在大规模、长时间的培养过程中分泌产物的能力易丢失,产物活性易降低;培养成本较高,导致产品价格昂贵;对细胞代谢和生长特性的基础研究尚欠缺;在线监测技术尚不完善,限制了优良培养系统的开发等。

动物细胞培养已经成为生产生物技术产品的重要手段,是生产基因工程重组蛋白质和病毒产品的关键技术。培养工艺优化和放大是保证产品质量和降低生产成本的关键,在生物产品的产业化中占有至关重要的地位。随着相关培养技术和设备的不断发展和改进,动物细胞工程将会在人类生活,特别是医学领域发挥越来越大的作用。

9.5 动物细胞的超低温保存技术

细胞系(株)在反复传代过程中许多生物学性状容易发生变化,对有限细胞系(株)而言,可传代的次数是有限的,而且传代次数越多花费的时间和人力也越多,同时增加了污染的概率。因此,有必要选择合适的方法对细胞进行保存。这对于维持一些特殊细胞系(株)的遗传特性极为重要。

9.5.1 冷冻保护剂

和植物细胞冻存的原理相似,在动物细胞超低温保存时也必须使用冷冻保护剂。各种动物细胞适用的冷冻保护剂种类和用量不完全一样,常用的也是二甲亚砜(DMSO)和甘油等。DMSO 的常用浓度为 5%~10%。DMSO 有一定的毒副作用,而在 4 ℃时,其毒副作用会大大减弱,且能以较快的速度渗透入细胞内。因此,选用 DMSO 处理时应在 4 ℃进行,耗时为40~60 min。

不同类型的冷冻保护剂有不同的特点,目前有联合使用两种以上冷冻保护剂的趋势。如造血干细胞冻存时,采用 5%DMSO 和 6%羟乙基淀粉(HES)两种冷冻保护剂联合使用。

9.5.2 常规冷冻方法

动物细胞冻存和复苏的基本原则是慢冻快融。慢冻时结冰在细胞外形成,不致损害细胞。不同细胞的最适冻存速率、冻存过程、冷冻保护剂种类和用量等不同。目前广泛采用的是二步冻结法,即先将细胞慢速冷冻至一定温度,使细胞胞外冻结,胞内脱水,然后再快速降温,置液氮中长期保存储藏。

复苏是以一定的复温速度将冻存的培养物恢复到常温的过程。具体操作是将装有细胞的冻存管从液氮中取出,立即投入 37 ℃水浴中解冻,以避免再次结冰。由于 DMSO 等保护剂在常温下对细胞有害,故在细胞复苏解冻后要及时洗掉冷冻保护剂。

9.5.3 玻璃化冻存方法

玻璃化冻存法对动物细胞、皮肤和角膜等组织,尤其对胚胎等有良好的效果。下面以人单核细胞为例介绍动物细胞的玻璃化冻存方法。

1)冻存过程
①用常规方法分离全血中的单核细胞。
②在冰浴中预冷冻存液:Hanks 中加 20.5%DMSO(质量浓度)、16.6%乙酰胺(质量浓度)、10%丙二醇(质量浓度)和 10%聚乙二醇(相对分子质量 8 000),用 2 mol/L NaOH 调 pH 为7.4,现配现用。
③将装有单核细胞的离心管放入冰浴中。
④沿离心管壁缓缓滴加预冷的冻存液。滴加过程:前 3 min 以 0.3 mL/min 速度滴加;后

5 min以 0.6 mL/min 速度滴加;余下的冻存液以 0.75 mL/min 速度滴加,边滴加边轻轻晃动离心管。$2×10^7$ 个细胞要滴加 15 mL 冻存液,滴加的时间约为 15 min,最终细胞密度要在 $1×10^6 ~ 1.5×10^6$ 个/mL。滴加速度要慢,以保证让保护剂有足够的时间缓慢地渗入细胞内,达到细胞内外的平衡。

⑤轻轻吹吸混匀细胞冷冻悬液。将该悬液分装于冻存管中。

⑥将冻存管用火焰封口。最后将冻存管直接放入液氮中保存。

2) 玻璃化冻存细胞的复苏

①将冻存管从液氮中取出,立即放入冰浴中 5 min。

②将冻存管两端剪断,将 5 mL 细胞冻存悬液移至 50 mL 离心管内。

③沿离心管壁缓慢加入在冰浴中预冷的含 20%胎牛血清的 Hanks 液。前 10 min 以 0.2 mL/min速度加入;后 10 min 以 0.5 mL/min 速度加入;接着 15 min 以 0.75 mL/min 速度加入;最后 30 min 以 1 mL/min 速度加入。全过程为 65 min,都在冰浴中进行。将稀释后的细胞悬液以 400 r/min 离心 5 min,弃上清液。

④向细胞沉淀中加入培养液重新悬浮细胞,用于培养。

以上复苏时冻存液的稀释和弃除过程与冻存前冻存液的滴加一样,必须在 4 ℃冰浴中进行,以避免在室温下冷冻保护剂对细胞产生毒性。稀释过程也要缓慢进行,以保证有足够时间让保护剂从细胞内渗出胞外,从而达到细胞内外的平衡,避免引起渗透损伤。

• 本章小结 •

　　动物细胞培养技术是指将动物组织或细胞从机体中取出,分散成单个细胞,人工模拟体内的生长环境,使其在体外继续生长与增殖的技术。细胞培养包括原代培养和传代培养。原代培养指将动物的各种组织从机体中取出,经各种酶(常用胰蛋白酶)、螯合剂(常用 EDTA)或机械方法处理,分散成单细胞,置合适的培养基中培养,使细胞得以生存、生长和繁殖。原代培养是建立各种细胞系(株)必经的阶段。原代培养的基本过程包括取材、分离细胞、置培养条件下培养等步骤,在所有的操作过程中,都必须保持培养物及生长环境的无菌。取材是原代细胞培养成功的首要条件,是进行细胞培养的第一步,若取材不当,将会直接影响细胞的体外培养,因此要严格按照基本要求进行取材。细胞分离技术包括机械分散法、消化分散法,其中消化分散法又包括胰蛋白酶消化法、胶原酶消化法以及螯合剂消化法。原代培养的方法有组织块培养法、单纯细胞培养法、悬浮细胞培养法。

　　传代培养是指细胞在培养瓶内长成致密单层后,已基本上饱和,为使细胞能继续生长,同时也将细胞数量扩大,就必须进行传代。传代培养也是一种将细胞种保存下去的方法,同时也是利用培养细胞进行各种实验的必经过程。悬浮型细胞直接分瓶即可,而贴壁细胞需经消化后才能分瓶。通过换液传代再换液、再传代和细胞种子冻存来实现细胞建系(株)。

动物细胞的大规模离体培养技术是指在生物反应器中高密度培养动物细胞,用于生产所需要的生物制品的技术。常用的培养方法有气升式培养系统、微载体培养系统、中空纤维培养系统、微囊培养系统。动物细胞表达产品种类繁多,应根据生长形式、目标产品的表达量、稳定性等诸多因素综合考虑,选择适合的培养方法。本章同时介绍了动物细胞的超低温保存技术。

复习思考题

1.动物原代细胞培养取材时应注意哪些事项?

2.动物细胞原代培养常用的方法有哪些?

3.传代培养的方法有哪些?

4.动物细胞单克隆的方法有哪几种?

5.动物细胞的大规模离体培养技术有哪几种?

6.请比较动物细胞的超低温保存技术与植物离体材料的超低温保存技术的异同。

第10章

动物细胞融合和杂交瘤技术

▶▷ **学习目标**

- 了解动物细胞的融合方法。
- 了解融合细胞的筛选技术。
- 掌握杂交瘤技术的基本原理和单克隆抗体制备的基本过程。
- 了解单克隆抗体的纯化技术及其应用。

▶▷ **能力目标**

- 掌握单克隆抗体制备技术。

自然存在的细胞融合现象最初是在动物细胞中发现的,例如受精过程中雌雄生殖细胞间的融合;骨骼肌在分化过程中通过几个成肌细胞的融合形成多核的肌细胞而发育成为成熟的肌纤维;在机体的防御反应中,巨噬细胞吞噬感染因子或异物时,也是通过膜的包裹和融合而完成的。但是除受精现象之外,生理状态下动物细胞发生自发融合的频率极低。

1957年,日本学者冈田善雄发现灭活的仙台病毒可以诱发腹水癌细胞相互融合,并在此基础上用灭活的仙台病毒诱导产生了第一个种间的杂交细胞。以后人工诱导的体细胞融合逐渐发展成为一门技术,建立了更有效的融合和选择杂交细胞的方法,据此可推广应用于种内、种间、属间、科间乃至动植物细胞间的融合,包括植物和微生物原生质体融合技术都是在动物细胞融合的基础上建立和发展起来的。

动物细胞的融合虽然在形式上与受精过程有些类似,但两者在本质上又截然不同。动物的精卵结合是一种有性过程,有着十分严格的时空关系和种族界限,这为确保种的遗传稳定性起了十分重要的作用。而体细胞融合属于无性杂交,它通过人工手段克服了存在于物种之间的遗传屏障,从而能够按照人们的主观意愿把来自不同物种和不同组织类型的细胞融合在一起。该技术在生命科学的基础理论研究方面与医学和生物工程等的应用研究方面均具有十分重要的意义。

10.1 动物细胞融合技术

动物细胞虽然没有细胞壁,但细胞间的连接方式多样且复杂,在进行细胞融合之前,必须先获得分散的单个细胞,其技术主要包括组织的分离和消化等过程,具体操作过程可参见本教材第9章的相关内容。

10.1.1 诱导细胞融合的方法

动物细胞融合的原理和基本技术总体上与植物原生质体融合类似,但在一些具体细节上略有不同。动物细胞融合的方法主要有病毒诱导融合、化学诱导融合和电诱导融合。

1) 病毒诱导融合

自从冈田善雄偶然发现已灭活的仙台病毒可诱发艾氏腹水瘤细胞相互融合形成多核体细胞以来,研究已证实天花病毒和疱疹病毒等也能诱导细胞融合。用仙台病毒诱导细胞融合的方法如图10.1所示。

双亲本细胞 ——→ 分别制成细胞悬液 ——→ 混合离心 ——弃上清液——→ 双亲细胞沉淀 ——加入灭活仙台病毒悬液——→

混匀 ——冰浴20 min，间歇摇动——→ 细胞凝集 ——水浴37 ℃ 30 min，间歇摇动——→ 细胞融合 ——→ 选择培养基培养

图 10.1 仙台病毒诱导细胞融合

该方法虽然建立较早,但由于病毒的致病性与寄生性,制备比较困难,诱导产生的细胞融合率还比较低,重复性不够高,所以近年来很少使用。但是对各种病毒通过融合入侵细胞时涉及的表面分子、病毒颗粒释出时的膜融合过程,以及病毒膜融合蛋白的作用机理等方面的研究仍是目前研究的重要问题。

2) 化学诱导融合

1974 年,高国楠等用聚乙二醇(PEG)成功诱导植物原生质体融合后,次年,Potecrvo 即用该法成功融合了动物细胞。以后随着方法的不断改进,进一步显示其具有来源方便、使用简便、不需特殊仪器设备、融合效率高等显著优点,因而迅速取代仙台病毒成为诱导动物细胞、植物细胞融合的主要手段。

对动物细胞而言,由于没有坚硬的细胞壁,它们的融合更为简便,关键在于亲本双方要有较为明显可识别的筛选标志。

动物细胞的 PEG 诱导融合方法可参照植物原生质体融合的方法进行。但由于动物细胞的 pH 多为中性至弱碱性,PEG 溶液的 pH 一般应调至 7.4~8.0 为宜。常用于融合的是平均相对分子质量为 1 000~6 000 的 PEG,虽然分子量大的 PEG 促进细胞融合的能力更高,但其黏度也随之增大,使它们在用于诱导细胞融合时难以操作,所以通常选用平均相对分子质量为 1 000~4 000、浓度在 30%~50% 的 PEG 进行动物细胞的诱导融合。

融合的条件也要兼顾动物细胞的融合率和存活率。常用方法是将 PEG 逐滴加入,短期

温育后再在几分钟内缓慢加入不含血清的培养液,以终止 PEG 的作用。在 PEG 作用期间需不断振摇,因为 PEG 会使细胞结团。然后将细胞进行洗涤,最后加入培养板内让其生长和经受选择。PEG 在细胞毒性和融合效率方面可能有批间差异,使用时应注意。

3) 电诱导融合

电诱导融合动物细胞的原理和技术路线也与诱导植物原生质体融合类似。细胞首先在交变电场中极化并沿电力线排列成串,形成细胞间的紧密连接;然后在高强度、短时程的直流电脉冲作用下,在其膜上会短暂地形成小孔,如果这时两个细胞是贴紧的,在紧贴的部分就会融合而导致杂交细胞的产生。

就目前常用的 PEG 法和电诱导融合而言,PEG 融合技术发展较早,因此更多的融合是用 PEG 进行的。但随着对电融合经验的积累,发展了简单易用而又不太昂贵的仪器,扩大了应用的范围。在比较两种方法产生的淋巴细胞杂交瘤时,在产生的免疫球蛋白的类别和抗原特异的杂交瘤比例方面都没有显著差异;在植物原生质体融合上,两者的区别也不大。究竟采用哪种融合方法要基于多种考虑,包括进行融合的次数、支出的费用、一次融合中有效杂交细胞的获得率以及融合细胞的特性等。

在动物细胞融合过程中,除融合方法外,还有其他一些因素会影响细胞的融合率。如细胞种类不同,融合效果也不同。细胞融合时需要适宜的温度和运动状态,如仙台病毒诱导欧利腹水癌细胞融合时,于 37 ℃振摇时易于融合,且融合率与病毒量成正比;但 34 ℃时振摇则融合率下降;在 37 ℃不振摇则几乎不融合。有些细胞融合时需要钙离子,否则不融合等。

10.1.2　融合细胞的筛选

和植物原生质体融合一样,动物细胞融合后,也会形成由未融合的亲本细胞、同核体以及异核体组成的细胞混合群体。杂交细胞的筛选可根据不同细胞生理生化特性的差异,设计具体的筛选方案和选择体系,优先选择杂交细胞或只允许杂交细胞生长,以淘汰亲本细胞。把含有两种亲本染色体的动物杂交细胞筛选出来最常用的方法是应用合适的选择培养基,使亲本细胞死亡,而仅让杂交细胞存活下来。目前已建立了多种选择系统,并已成功地用于动物杂交细胞的筛选。细胞株具有越多的可识别的突变性状,就越容易实现以它为亲本进行细胞融合和筛选。

1) 基于酶缺陷型细胞和药物抗性所建立的杂种筛选

HAT 选择培养法是动物杂交细胞筛选中最常用的方法。在细胞内,DNA 的生物合成有两条路线,一条是主要途径即从头合成途径,是从氨基酸和其他小分子合成核苷酸开始,进而合成 DNA 的过程;另一条是补救合成途径。在补救合成途径中需要有两种酶参与,一种是胸腺嘧啶脱氧核苷激酶(TK),另一种是次黄嘌呤磷酸核糖转移酶(HGPRT)。它们可以分别利用胸腺嘧啶核苷及次黄嘌呤来合成 DNA。HAT 培养基中含有次黄嘌呤(H)、氨基蝶呤(A)和胸腺嘧啶核苷(T)。氨基蝶呤是一种叶酸的类似物,能阻断从头合成 DNA 的正常途径。在这种含有氨基蝶呤的 HAT 培养基中,细胞只能依靠补救合成途径合成 DNA,因而只有具有 HGPRT 和 TK 的细胞才能在这种培养基中生长。因此就可以利用酶缺陷型的细胞结合药物抗性来筛选杂交细胞。

在体外培养系统中,动物细胞有时也能通过自发突变而产生抗药性,但其突变频率很低。

紫外线、电离辐射或化学诱变剂处理均可增加细胞基因突变的频率,将诱变处理和含嘌呤类似物或嘧啶类似物的选择培养结合起来,便于获得以抗药性为选择标志的缺陷型突变细胞株。

2) 基于营养缺陷型细胞所建立的杂种筛选

营养缺陷型是指一些细胞在合成如氨基酸、碳水化合物、嘌呤、嘧啶或其他产物的能力上有缺陷,因而在缺乏这些营养物的培养基中难以生存,所以用不同营养缺陷型细胞生成的杂交细胞,就可像上述筛选抗药性细胞一样,能用适当的选择培养基把它们筛选出来。例如在缺乏甘氨酸和脯氨酸的培养基中甘氨酸营养缺陷型细胞和脯氨酸营养缺陷型细胞都会死亡,而只有通过融合后基因互补的杂种细胞才能存活,由此可以将融合细胞分离出来。对由不同基因突变产生的对同一营养物的营养缺陷型细胞,它们融合后的杂种细胞也可以按同样原理筛选获得。

3) 由温度敏感突变型细胞组成的杂种细胞的筛选

如果用于细胞融合的两个亲本细胞是温度敏感型细胞,一种适宜在较高温度下生长,另一种适宜在较低温度下生长,那么融合的杂交细胞就可以通过分别在较高和较低温度下培养而被筛选出来,因为只有杂交细胞才可以既能在较高温度下又能在较低温度下生长。另外,具有不同生存温度的两种动物的正常细胞融合而产生的杂交细胞,也可通过温度来筛选。例如昆虫(25 ℃)和人(37 ℃)细胞的融合。当然,也有可能出现由于基因之间的相互作用或基因丢失等原因,使所获得的杂交细胞既不能在 25 ℃ 下也不能在 37 ℃ 下生长,或只能在其中之一条件下生长。

4) 应用荧光激活细胞分选仪进行杂交细胞的筛选

应用荧光激活细胞分选仪(FACS)也可进行杂交细胞的筛选。首先用不同荧光素标记的脂质染料(如交联四乙基罗丹明——RB200,激发后发射明亮橙色荧光;异硫氰酸荧光素——FITC,激发后发射黄绿色荧光)分别处理参与融合的亲本细胞,使不同的亲本细胞带上不同的荧光标记,在激光的激发下,融合细胞因能发射两种荧光而可被筛选出来。

以上各方法只能筛选出融合了的杂交细胞,但这些杂交细胞不一定都保留有所需的性状,因此必须对筛选得到的杂交细胞高度稀释后进行单细胞克隆,从中选择出遗传稳定且具有所需性状的杂种细胞系。

10.1.3 杂交细胞的遗传表型

动物杂交细胞的遗传表型也具有多样性和不稳定性的特征。其多样性表现在有些杂交细胞表现某一亲本特征,有些表现中间型特征,有些同时具备两个亲本的特征,有的甚至会表现出二亲本均不具备的新的遗传特征。不稳定性主要表现在种间细胞融合后染色体相互排斥、杂交细胞在体外培养过程中结构基因或调节基因突变或丢失、杂交细胞原有遗传表型发生变化等。

如果两个亲本体细胞是来自同一物种的不同组织,那么在融合细胞中,这两套染色体能彼此相容而不发生排斥现象,能表达双亲的遗传表型,这是杂交瘤细胞形成和单克隆抗体分泌的遗传基础;如果两个亲本体细胞来自不同物种,则将产生排斥现象,其中总有一套亲本染色体易于被优先排斥,而另一亲本的染色体却保持完整。如在小鼠和人的细胞融合形成的杂

交细胞中,总是趋向于丢失人的染色体。这一特点为染色体上的基因定位提供了有效的手段。

10.2　杂交瘤技术与单克隆抗体生产

动物受到抗原刺激后可发生免疫反应,产生相应的抗体,这一作用由 B 淋巴细胞(简称 B 细胞)完成。但一个 B 细胞只能产生一种抗体,要想获得大量的针对某一特定抗原决定簇的抗体,就必须使 B 细胞大量增殖。但令人遗憾的是,B 细胞在体外不能分裂增殖。为了攻克上述难关,以充分利用单克隆抗体纯度高、专一性强的优点,1975 年,英国剑桥大学分子生物学研究室的 Kohler 和 Milstein 利用肿瘤细胞无限增殖的特征,将 B 细胞与之融合,获得了既能产生单一抗体又能在体外无限生长的杂合细胞。由于此举在生物医学领域作出了重大贡献,因而于 1984 年获诺贝尔生理学与医学奖。

肿瘤细胞与体细胞融合形成的杂交细胞称为杂交瘤细胞,建立杂交瘤细胞系的技术即为杂交瘤技术。通常所说的杂交瘤技术多指 B 细胞杂交瘤技术。该技术将骨髓瘤细胞与 B 细胞融合,以建立能分泌针对某一种抗原决定簇的均质抗体的杂交瘤细胞系为目的,也称为单克隆抗体制备技术。该技术涉及动物免疫、细胞培养、细胞融合、细胞筛选和克隆培养以及免疫学测定等一系列实验方法。

根据淋巴细胞的来源,B 淋巴细胞杂交瘤技术可分为小鼠体系、大鼠体系和人的体系。它们各自产生不同种系的抗体以适应不同的实验要求和应用目的。由于小鼠的骨髓瘤细胞比较容易培养,免疫操作比较简单,容易获得致敏的 B 淋巴细胞,它们融合后形成的杂交瘤细胞也比较稳定,可以在同属的小鼠体内诱导腹水或移植瘤,因此小鼠体系的 B 淋巴细胞杂交瘤技术的应用目前最为广泛。

10.2.1　亲本选择

设计免疫方案时首先应确定适当的动物品系。由于免疫动物品系与所采用的骨髓瘤细胞差异越远,产生的杂交瘤细胞稳定性越差,在单克隆抗体制备过程中,一般采用与骨髓瘤供体细胞来源同一品系的动物进行免疫。这样杂交融合率高,也便于建系后的杂交瘤细胞能在同系动物中生长,以收获大量腹水制备单克隆抗体。

1)骨髓瘤细胞

作为融合亲本之一的瘤细胞一般是丧失合成自身免疫球蛋白能力的骨髓瘤细胞系,否则杂交细胞不但会产生来自两个亲本的两种抗体,而且可能产生两种抗体轻重链杂合的抗体。此外该瘤系必须是对选择剂敏感的,这样在融合后就可以用选择剂把未融合的瘤细胞除去。用于融合的骨髓瘤细胞最好处于对数生长期,如果是冻存的细胞系,最好在融合前两周先进行复苏。

骨髓瘤细胞一般培养在 37 ℃ 5% CO_2 饱和湿度的培养箱中。融合前收集对数生长期骨髓瘤细胞,用 0.5%的台盼蓝 1mL 与等量的细胞悬液混合染色,活细胞(不着色的)数在 95%以上即可用于融合。

2) 免疫脾细胞

高度免疫个体的激活淋巴细胞是 B 细胞的最佳来源。一般在实验的数周内分数次用特异抗原免疫小鼠,促使其脾脏内产生大量处于活跃增殖状态的特异 B 细胞。适当的免疫途径对免疫效果的好坏也有重要影响,不同的抗原可经不同的途径进行免疫,最为常用的是腹腔注射。免疫的具体实施方案在各实验室有所不同,可按自己的实验要求设计。

免疫脾细胞悬液的一般制备方法:将加强免疫后 3 天的小鼠用颈椎脱臼法处死,在无菌条件下取出脾脏;剔除脂肪和结缔组织,撕开脾包膜,用注射器内管将脾淋巴细胞轻轻挤压到培养液中;将脾细胞悬液移入离心管内,1 000 r/min 离心 5 min 沉淀细胞,弃上清液;用 4 ℃的 0.91% NH_4Cl 溶液混悬沉淀的细胞,冰浴中静置 5 min,使从脾脏释放出的红细胞破裂;加入基础培养液终止 NH_4Cl 的作用,1 000 r/min 离心 5 min,弃上清液;再加入基础培养液重新悬浮沉淀的脾淋巴细胞,取样进行脾细胞计数。此即为待融合的脾淋巴细胞。

3) 饲养层细胞

为防止细胞融合时因损伤而难以生长,促进杂交瘤细胞生长,增加克隆数,常需制备饲养层细胞。常用的饲养层细胞为小鼠腹腔巨噬细胞,该细胞有助于清洁培养表面和吞噬死亡细胞。

制备方法如下:用颈椎脱臼法处死 2~3 只小鼠,75%乙醇浸泡 2 min 消毒;无菌条件下在小鼠腹腔剪开一小口,从剪开的小口向腹腔注入基础培养液或无菌的 PBS,反复冲洗腹腔,收集小鼠的腹腔冲洗液,离心,弃上清液;用 HAT 培养液稀释离心沉淀的细胞,调整细胞密度至 1×10^5 个/mL;此即为收集到的小鼠腹腔巨噬细胞悬液。将细胞悬液按每孔 0.1 mL 加入 96 孔细胞培养板的各个孔中,置于 37 ℃ 5% CO_2 饱和湿度的培养箱中培养过夜,备用。

10.2.2 细胞融合

制得含大量 B 细胞的脾细胞和骨髓瘤细胞后,一般采用 PEG 法进行细胞融合。文献中记载的方法有多种,在杂交瘤技术中采用的具体操作方法以及细胞混合的比例、融合剂的浓度等方面都可能有所不同。主要过程如下:

将处于对数生长阶段的免疫脾淋巴细胞和小鼠骨髓瘤细胞以一定比例混匀,离心,尽量吸净上清液,以免残液稀释 PEG 而降低细胞融合率。逐滴加入 40%~50%的 PEG 后静置。然后加培养液终止 PEG 的作用,离心后弃上清液。用 HAT 培养液悬浮细胞,加到已含有饲养层细胞的细胞培养板内,置 37 ℃ 5% CO_2 饱和湿度的培养箱中培养。每隔 3 天更换 1/2 HAT 选择培养液。用倒置显微镜观察融合细胞的生长情况,融合细胞一般在 3~6 天开始形成克隆,其余细胞则逐渐死亡。

10.2.3 杂交细胞的筛选

常用 HAT 选择培养基对杂交细胞进行筛选。由于选用的是酶缺陷型骨髓瘤细胞,不能在 HAT 培养液中生长;正常的 B 淋巴细胞虽可在 HAT 培养液中生长,但在体外只能短期生存,由于不能增殖最终也是死亡。因而只有融合的杂交瘤细胞才能存活下去并继续生长,这样就可以把杂交细胞筛选出来。

脾中有多种 B 细胞,融合后也必然产生很多种杂交细胞,而其中只有部分能分泌针对特定免疫原的特异性抗体,因此必须对杂交瘤细胞生长孔内的上清液进行测定,找出可以分泌特异抗体的杂交瘤细胞。检测抗体的方法应根据抗原性质、抗体类型的不同选择不同的筛选方法。一般以方法快速、简便、特异、灵敏为选择原则。常用的检测抗体的方法有放射免疫测定法、酶联免疫吸附测定法(ELISA)、免疫荧光检测法、间接血凝测定法和免疫组织化学检测法等。其中以 ELISA 应用最为广泛。无论用哪一种方法,都应设置阳性(免疫小鼠的血清)和阴性(正常小鼠的血清)作为对照。

10.2.4 杂交瘤细胞的克隆培养

由于筛选出的上清液为阳性的生长孔内常会含有两个以上的杂交瘤细胞集落。有的集落可能不分泌抗体,或分泌的不是所需抗体,有时也许只有其中的某一个集落是所需要的能够分泌特异性抗体的杂交瘤细胞。因此必须利用克隆培养方法及时把它们分开。最常用的杂交瘤克隆培养法是有限稀释法和软琼脂培养法。前者是将稀释到一定密度的杂交瘤细胞接种到 96 孔细胞培养板中,尽可能使每个孔中只有一个细胞生长;后者是利用软琼脂的半固体性质,使单个的杂交瘤细胞在相对固定的位置上增殖形成细胞克隆。

克隆过程应及早进行,以避免无关克隆的过度生长。一旦克隆成功,应该对这一克隆细胞再连续克隆几次,并同时检测上清液中抗体的特性。如果原先有阳性抗体分泌,但克隆过程中未能发现阳性孔,可能是由于不分泌细胞或分泌无关抗体细胞过度生长,也可能是由于杂交瘤本身分泌表型不稳定。杂交瘤细胞是准四倍体,遗传性质不稳定,随着每次细胞的有丝分裂,都可能丢失个别或部分染色体,直到细胞呈现稳定状态为止。

10.2.5 单克隆抗体的生产

获得稳定的单克隆杂交瘤细胞后,可将它们注射入小鼠腹腔,然后从腹水中分离、提取单克隆抗体。这种方法可以在短时间内获得足够的单克隆抗体,但因需要大量活的小鼠而不适合规模化生产。同时,腹水中可能混有小鼠本身的其他抗体,给抗体的纯化和临床应用造成困难。也可将杂交瘤细胞在培养瓶或生物反应器——如气升式反应系统、中空纤维培养系统或微囊培养系统中进行离体培养,再从培养液中收集产生的抗体。

通过上述培养之后获得的培养液或腹水,其中除了单克隆抗体之外,还有无关的蛋白质等其他物质,因此必须对产品做分离纯化。目前,常用的方法有硫酸铵沉淀法、超滤法、盐析法等。

淋巴细胞杂交瘤生产单克隆抗体的技术自 1975 年问世以来,已取得了飞速发展,几乎可以用这项技术获得任何针对某个抗原决定簇的高纯度抗体,其应用范围已经扩大到了生物医学的众多领域,如免疫学、遗传学、肿瘤学等,但目前主要是利用其高特异性和高纯度的突出优点大量应用于临床诊断方面。由于单克隆抗体的应用领域广阔,具有相当的经济效益和社会效益,淋巴细胞杂交瘤产生单克隆抗体的技术必将得到更大的发展。杂交瘤技术与单克隆抗体生产的操作流程如图 10.2 所示。

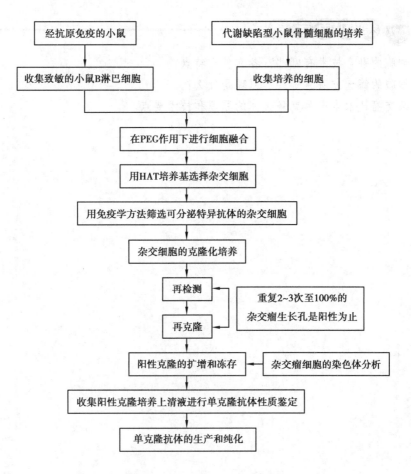

图 10.2　杂交瘤技术与单克隆抗体生产操作流程图

· 本章小结 ·

　　自日本学者冈田善雄采用病毒诱导产生第一个种间杂交细胞以来,人工诱导的细胞融合技术迅速发展。常见的动物细胞融合方法有:病毒诱导融合、化学诱导融合、电诱导融合。通过以上这些方法筛选获得的融合细胞进行单细胞克隆,可从中选择出遗传性状稳定的杂种细胞系(株)。

　　杂交瘤技术制备出均一性的单克隆抗体是抗体工程发展的第一次质的飞跃。杂交瘤抗体技术的基本原理是通过融合 B 淋巴细胞和经抗原免疫的小鼠细胞作为小鼠骨髓瘤细胞而同时保持两者的主要特征。利用该技术制备单克隆抗体的过程:免疫小鼠;建立筛选方法和程序;杂交瘤细胞生成。单克隆抗体的主要优点在于其高特异性和高纯度,目前已大量应用于临床诊断,日后定会发挥更大的用途。

复习思考题

1.动物细胞的融合技术有哪些？各有什么特点？

2.融合细胞的筛选方法有哪些？原理是什么？

3.简述杂交瘤技术生产单克隆抗体的原理和技术要点。

第 11 章

细胞重组及动物克隆技术

▶▷ **学习目标**

- 熟悉细胞重组的方式和原料的制备。
- 了解核移植技术的操作。
- 了解动物克隆技术。

▶▷ **能力目标**

- 学会细胞重组技术。
- 学会细胞核移植技术。

细胞重组(cell reconstruction)是指从活细胞中将细胞器及其组分分离出来,再在体外一定条件下将不同来源的细胞器及其组分重新组合,使之重新装配成为具有生物活性的细胞或细胞器的一种实验技术。克隆技术最初源于希腊语,意为无性繁殖,后随着分子生物学的发展,出现了核移植及基因工程的操作,"克隆"的意义有所延伸:指通过核移植操作得到重组细胞,重组细胞繁育成一个无性系;或者指通过基因工程操作将某一选定的基因拼接到质粒的复制子上,随着复制子的复制得到 DNA 分子的无性系。因此,克隆是指一种实现无性繁殖的操作,其中细胞核移植技术是生产克隆动物最为有效的克隆技术,通常说的动物克隆技术实际上是指细胞核移植技术。

11.1 细胞重组技术

细胞重组是由不同细胞的核体与胞质体在融合因子介导下并合形成完整细胞的技术,其实质是细胞拆合技术和细胞融合技术的汇合。细胞重组技术已成为一种十分重要的现代生物技术,对研究真核细胞的核、质关系及基因转移等问题具有重要意义。细胞重组的过程:应用化学物质(如细胞松弛素 B 或秋水仙碱)并结合机械力(如离心力等),把细胞的核与胞质部分分开。分离出来的核,带有少量胞质,并围有质膜,称"核体"或"小细胞"。有些核体能重新再生其胞质部分,继续生长、分裂。去核后的胞质部分,仍由膜所包绕,称"胞质体"或"去核细胞"。核体与胞质体在仙台病毒或聚乙二醇的作用下能合并成为完整细胞,称为"重组细胞"。目前不仅能使大鼠核体与小鼠胞质体合并成为重组细胞,并能使人的核体与小鼠胞质体形成重组细胞。若将胞质与完整的细胞融合,构成含有一个亲本核和两个亲本胞质的杂种细胞,称为"胞质杂种"。这样,就可把一个亲本细胞的胞质基因(如线粒体基因)转移到另一个亲本细胞内。

11.1.1 细胞重组的方式

一般而言,细胞重组的方式基本分为:胞质体与完整细胞重组,形成胞质杂种;微细胞与完整细胞重组,形成微细胞异核体;胞质体与核体重组,形成重组细胞。其中,胞质体是去除细胞核后由膜包裹的无核细胞。微细胞又可称为微核体,含有一条或几条染色体,外有一薄层细胞质和一个完整的质膜的核体。核体是与细胞质分离得到的细胞核,带有少量细胞质并围有质膜。胞质体或微细胞与完整细胞融合后就能产生相应的杂合体。胞质杂种细胞是不同种系之间形成的一种真正的新型细胞,在适宜条件下能成功地生存下去。

上面第三种方法是一种非常重要的细胞重组技术。它是利用显微操作技术将一个细胞的核移植到另一个细胞中,或者将两个细胞的细胞核(细胞质)进行交换,从而可能创造无性杂交生物新品种的一项技术。去核的方法可以是分离、吸取或紫外杀死。

11.1.2 细胞重组原料的制备

细胞质、核体和微细胞是细胞重组常用的几个原料,其制备过程简述如下。

1)胞质体制备

将细胞培养于内径略小于离心管的培养皿上,一般培养 2 天以上,待细胞汇合后,向离心管中加入 37 ℃预热的细胞松弛素 B(CB)溶液,体积为离心管体积的 1/5~1/10,细胞面朝下水平放入 CB 溶液,再加圆形栓固定细胞板,盖上离心管 12 000 r/min 离心 20 min,有 80%的细胞脱核。

脂质体的制备主要有玻璃盖片法、塑料片法、载玻片法、离心管法、培养皿法、培养瓶法、悬液法等。

离心脱核法及离心后核体与胞质分离情况如图 11.1 所示。

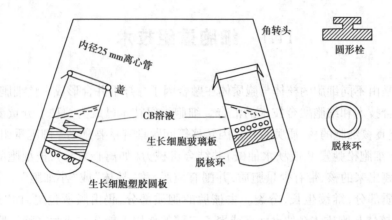

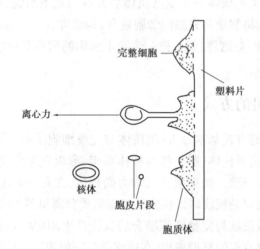

图 11.1　离心脱核法及离心后核体与胞质分离情况

2) 核体制备

按上述去核过程,即可得到无核的胞质体和细胞核,但在被分离出的核中带有少量胞质并围有质膜,此即为"核体"。

核体能重新再生其胞质部分,继续生长、分裂,因此为了生产大量的核体,必须采用一系列的纯化技术,以防夹杂完整细胞和胞质体。可在去核处理后,从离心管底部收集样品,接种于培养皿内,温育 1~2 h,由于核体的贴壁率大大低于残留完整细胞的贴壁率,可从上清液中收集得到较纯净的核体。如此重复 1~2 次,可使核体的纯度高达 99%。

3) 微细胞制备

微细胞制备是动物细胞在秋水仙素及其衍生物和长春新碱等有丝分裂阻断剂的干扰作用下,致使染色体停滞在有丝分裂中期,形成大小不同的多个微核在 CB 作用下使微核从细胞中分离出来的过程。制备的时候,用 1 μg/mL 秋水仙碱长时间(>48 h)处理细胞,细胞分裂就被控制在分裂中期,此时染色体动力终止,在单个染色体或染色体群的周缘重现核膜,形成了大小不同的多个微核,此时的细胞就称为微核化细胞。一般 12 000 r/min 离心 20 min,即可脱核 80%~90%。

微细胞的制作过程如图 11.2 所示。

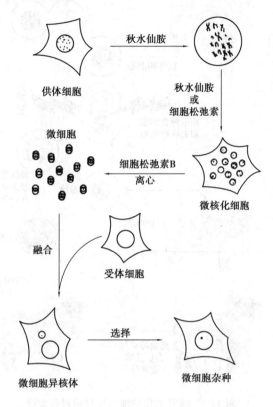

图 11.2　微细胞的制作过程

以上述方法从活细胞中拆散出来的胞质体、核体、微细胞为材料,通过显微操纵术,在光学显微镜下用显微操纵器把材料重新组合,加入病毒或化学物质如聚乙二醇等融合因子,经过一段时间的作用,可以把它们更新装配成新的活细胞。

11.2　细胞核移植技术

细胞核移植技术,就是将供体细胞核移入除去核的卵母细胞中,使后者不经过精子穿透等有性过程即无性繁殖即可被激活、分裂并发育成新个体,使得核供体的基因得到完全复制。以供体核的来源不同可分为胚细胞核移植与体细胞核移植两种。细胞核移植,就是将一个细胞核用显微注射的方法放入另一个细胞里。前者为供体,可以是胚胎的干细胞核,也可以是体细胞的核。受体大多是动物的卵子。因卵子的体积较大,操作容易,而且通过发育,可以把特征表现出来,因此细胞核移植技术,主要是用来研究胚胎发育过程中,细胞核和细胞质的功能,以及两者间的相互关系;探讨有关遗传,发育和细胞分化等方面的一些基本理论问题。

第一个哺乳动物的细胞核移植过程克隆,如图 11.3 所示。

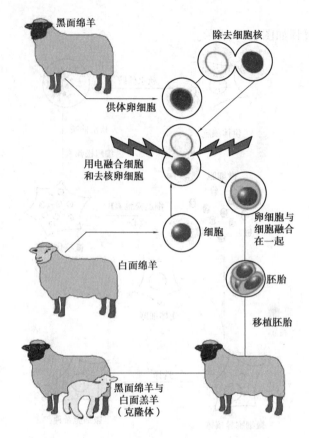

图 11.3　哺乳动物的细胞核移植过程克隆

11.2.1　核移植技术的一般操作程序

核移植技术主要包括供体核的获得、受体细胞去核、核卵重组、细胞融合/激活、重组胚培养、胚胎移植 6 个操作步骤。

1) 供体核的获得

供体核可以是早期胚胎细胞、胚胎干细胞和体细胞。供体细胞核的制备方法是首先将器官或组织进行机械切割,用胰蛋白酶溶液水解一定时间后,解离出单个的细胞,然后在显微操作仪下用微量吸管将细胞核吸出来。

2) 受体细胞去核

细胞核移植的受体细胞一般运用减数第二次分裂时期的卵母细胞。卵细胞去核的方法有盲吸法、离心法和紫外线照射法等。盲吸法指用微细玻璃管在第一极体下盲吸,吸除第一极体及处于分裂中期的染色体和周围部分细胞质的方法,该法成功率较低。离心法是对卵母细胞进行离心,在不同渗透压梯度下将核分离出来的方法。两栖类细胞一般采用紫外线照射法达到去核的目的。

3) 核卵重组

核卵重组是在显微操作仪操纵下,用移植针吸取供体细胞核并注入去核的受体卵母细胞中的过程。有胞质内注射和透明带下注射两种方法。

4) 细胞融合/激活

无论是受精引起的卵母细胞激活还是人工激活,都会引起卵母细胞发生一系列的反应,这些反应是胚胎发育所必需的。人工激活的方法有仙台病毒法、电融合法等,后者更常用,其激活原理是通过电刺激,使卵母细胞进入"受精"的状态。

5) 重组胚培养

经融合或激活的重组胚移入中间受体作体内或体外培养,观察重组胚的发育率。重组胚需一定时间的培养,方可移植到受体,家兔和猪重组胚在体外培养24 h以内,就可通过非手术移植,而羊和牛重组胚所需培养时间较长,一般发育到囊胚或桑葚胚时移植。培养的方法是可将融合的重组胚放于含血清的培养基培养,也可移入同种或异种的输卵管中进行培养,几天后冲洗输卵管,回收重构胚。

6) 胚胎移植

重组克隆胚胎移植的受体母畜要选择皮毛颜色与供体品种不同、繁殖性能强、体格稍大的当地品种。进行同期发育处理,按常规方法移植代孕母畜的子宫中,待其发育到产仔。

11.2.2 胚胎细胞核移植

胚胎细胞核移植(embryo cell nuclear transplantation),又称胚胎克隆,它是通过显微操作将早期胚胎细胞核移植到去核卵母细胞中构建新合子的生物技术。通常把提供细胞核的胚胎称为核供体,接受细胞核的称为受体。由于哺乳动物的遗传性状主要由细胞核的遗传物质决定,因此由同一枚胚胎作核供体通过核移植获得的后代,基因型几乎一致,称其为克隆动物。通过核移植得到的胚胎可作供体,再进行细胞核移植,称为再克隆。在理论上,一枚胚胎通过克隆和再克隆,可获得无限多的克隆动物。目前,已经成功地通过胚胎细胞核移植产生的动物有小鼠、兔、山羊、绵羊、猪、牛和猴子等。

11.2.3 体细胞克隆技术

体细胞克隆技术是指把动物体细胞经过抑制培养,使细胞处于休眠状态。采用核移植的方法,利用细胞拆合或细胞重组技术,将卵母细胞去核作为核受体,以体细胞或含少量细胞质的细胞核即核质体作为核供体,将后者移入前者中,构建重组胚,供体核在去核卵母细胞的胞质中重新编程,并启动卵裂,开始胚胎发育过程,妊娠产仔,克隆出动物的技术,又可称为体细胞核移植技术。如克隆羊"多利";又如,2013年,美国报道的通过这一技术在女性输卵管制备的能够分化成各种组织的胚胎干细胞等,这一切在技术上为克隆人类自身铺平了道路。

11.2.4 异种克隆

异种克隆是指把一种动物的胚胎细胞或体细胞移入另一种动物的去核卵母细胞中,即供核体和供质来源于不同种的动物,形成的核质杂交胚再移植入与卵母细胞相同品种的动物或完全不同于供核体和供质体的第三种动物中着床,经发育产出与供体动物相同后代的过程。

中国科学院动物所的研究人员发现,运用这一技术,可以把猕猴的胚胎细胞移植到兔子的去核卵母细胞中,经全程发育,有望产出小猕猴。这项研究对拯救濒危物种、实现"治疗性克隆"并带动相关产业开发具有积极意义;将这个实验模型用于生物医学研究,可避免人类临床医学中的法律、道德等问题,前景相当诱人。

11.3　动物克隆技术的意义及展望

"克隆",即无性繁殖系。无性繁殖的手段有多种,包括孤雌生殖、卵裂球的分离与培养、胚胎切割和细胞核移植等。而产生克隆动物的方法则称为动物克隆技术。通过显微操作技术把细胞核(供体)移入去除遗传物质的成熟卵母细胞(受体)中,细胞核在移入的细胞质的支持下,发生发育程序重编,形成重组胚,使得核质重组体与正常受精卵一样,经细胞分裂、分化,并在母体内发育成一个新的动物个体,称为细胞核移植技术。在高等哺乳动物中,细胞核移植技术是生产克隆动物最为有效的克隆技术。因此,动物克隆技术实际上是指细胞核移植技术。

早在 20 世纪 50 年代就有利用体细胞克隆成体蛙的先例,之后采用动物胚胎细胞和体细胞核移植技术,科学研究者已经成功地克隆出了包括鼠、猪、牛、羊、兔和猴等在内的大量动物,在农业和生物制药等方面取得了划时代的意义,展示了巨大应用价值和广阔的发展前景。克隆技术将对 21 世纪产生的重大影响,主要体现在有利于对遗传背景完全一致的克隆动物开展对生长、发育、衰老和健康等机制的研究,有利于大量培养品质优良的家畜,能保护濒临灭种的哺乳动物,与转基因技术、胚胎干细胞技术相结合还能为人类提供源源不断的廉价药品、保健品以及较易被人体所接受的移植器官。但克隆技术目前仍存在一些问题,探讨并积极寻求解决问题的方法是其关键所在。

11.3.1　加速良种繁育

在良种选育方面,对选择优良性状的动物进行克隆,可以扩大种畜群优良基因,迅速提高畜种品。在杂种优势利用方面,可以减少时间的花费,选育的畜种性状迅速稳定。

11.3.2　保护濒危动物

克隆技术在抢救濒危珍稀物种、保护生物多样性方面可发挥重要作用。以濒危稀有动物的体细胞为供核细胞进行种间核移植,可以解决对濒危稀有动物卵母细胞成熟不够、卵母细胞数量不足等问题。陈大元、Vogel 和 Lanzm 等在这些领域作出了非常重要的贡献,受到广泛关注。

11.3.3　克隆技术与转基因技术结合

体细胞核移植技术和转基因技术的结合将对解决人类器官移植来源、医药生产和疾病治疗,生物学基础理论研究等具有非常重要的意义。用基因打靶技术筛选阳性细胞作供核体进行核移植,得到转基因动物。核移植可以通过鉴别核供体的核型而预先得知转基因动物的性别,可选择性地制备雌性转基因动物,有利于在母乳中表达外源基因。

11.3.4 与基因和干细胞技术结合,开展治疗性克隆

在体细胞克隆成功率低的情况下,利用胚胎干细胞可以增加成功率。通过动物克隆的胚胎干细胞作异源移植,可以解决人类移植器官的供求矛盾。胚胎干细胞与克隆技术的结合将会给未来医学和基因治疗带来无限生机。

11.3.5 动物克隆技术中存在的问题

动物克隆技术取得了一定的进展,获得了多种克隆动物,但与实际应用之间还存在相当大的距离。

(1)克隆效率太低,克隆动物早衰严重

克隆动物流产、夭折、畸形现象都非常严重。

(2)端粒问题

克隆动物在正常生理条件下的体细胞随着分裂次数的增加,端粒会逐渐缩短,可能影响其寿命。

(3)重新编程的问题

重新编程的机制不明,缺乏基础理论支撑,尚不足以支持着床后胚胎的发育,需进一步探索核移植后重编程对克隆成功的影响因素。

(4)基因印迹机理不清

基因印迹与动物克隆技术的成功的关系尚不清楚,值得深入研究。

(5)克隆技术条件有待完善

动物克隆研究技术目前还很不完善,克隆机理性的相关理论研究还很薄弱。

另外,克隆胚胎与正常胚胎发育有何异同,胚胎细胞超显微结构及其功能等,线粒体与核移植胚胎发育的关系,细胞核移植的克隆动物在发育生物学中的一些基础问题等,都尚待深入研究。

───• 本章小结 •───

本章重点介绍了细胞重组技术及目前的研究重点——克隆技术,其中后者是本章的重点。细胞重组是指从活细胞中将细胞器及其组分分离出来,再在体外一定条件下将不同来源的细胞器及其组分重新组合,使之重新装配成为具有生物活性的细胞或细胞器的一种实验技术。一般而言,细胞重组的方式主要分为胞质体与完整细胞重组形成胞质杂种、微细胞与完整细胞重组形成微细胞异核体、胞质体与核体重组形成重组细胞 3 种。细胞重组必须借助于显微操作技术才能完成胞质体、核体和微细胞的制备。细胞重组技术将细胞融合技术与细胞核质分离等技术相结合,为重新构成不同类型的杂种细胞提供了可能。

目前,真正意义的克隆是指一种实现无性繁殖的操作,其关键技术是细胞核移植技术。细胞核移植主要包括供体核的获得、受体细胞去核、核卵重组、细胞融合/激活、重组胚培养、胚胎移植 6 个操作步骤。最早的克隆多采用胚胎细胞核移植法,后随着"多莉"羊的诞生出现了许多体细胞克隆动物。克隆技术在优良动物的快速繁殖、珍稀保护动物、疾病模型、基因治疗、器官移植等方面展现了诱人的前景,但是目前技术还处在初级阶段,存在这样或那样的问题,探讨并积极寻求解决问题的方法还需要长时间的研究。

复习思考题

1.什么是细胞重组? 细胞重组的技术有哪些?

2.细胞重组原料的制备方法?

3.什么是细胞核移植技术? 基本步骤是什么?

4.动物克隆技术的意义与存在的问题有哪些?

第 12 章

干细胞技术

▶▷ **学习目标**

- 了解干细胞技术的生物学特点。
- 掌握细胞分离纯化的方法。
- 了解胚胎干细胞的分离、培养、鉴定和诱导分化。

▶▷ **能力目标**

- 熟悉利用细胞体积和密度进行分离纯化的技术。
- 掌握胚胎干细胞的分离与培养技术。

12.1 干细胞概述

干细胞是存在于胚胎和成体中的一类特殊细胞,它能长期自我更新,在特定的条件下具有分化形成多种终末细胞的能力,不同来源的干细胞分化潜能各异。从早期胚胎内细胞团分离的胚胎干细胞能分化形成个体所有的细胞类型,并具有在体外无限增殖的能力,是最具有临床应用前景和研究价值的干细胞之一。在成体各种组织和器官中也存在成体干细胞,用于维持机体结构和功能的稳态。近期有关成体干细胞可塑性的研究和成体组织中多能干细胞存在的证据扩大了人们对成体干细胞分化潜能的认识。干细胞具有的多向分化潜能和自我更新能力使其成为未来再生医学的重要种子细胞,并成为研究人类早期胚层特化和器官形成、药物筛选以及基因治疗的最佳工具。1999 年 12 月,美国权威杂志 *Science* 将"人类干细胞研究"列入人类十大科学成就的榜首,本章将就干细胞、胚胎干细胞、成体干细胞、造血干细胞以及诱导性多潜能干细胞作一简要介绍。

12.1.1 干细胞研究的发展

对于干细胞的研究始于 20 世纪末,美国威斯康星大学和约翰·霍普金斯大学的教授分别从流产胎儿和经体外受精技术得到的多余胚胎中分离得到多能性干细胞并在体外成功培养,这些干细胞在体外具有无限或较长期地自我更新和多向分化的潜能。这一成就给移植治疗、药物发现及筛选、细胞及基因治疗和生物发育的基础研究等带来了深远的影响,奠定了在体外生产所有类型的可供移植治疗的人体细胞、组织乃至器官的基础,之后关于干细胞的研究不断取得突破性的进展。

从理论上讲,利用干细胞的无限增殖能力和多向分化潜能等,可通过体外培养干细胞,诱导干细胞定向分化或利用转基因技术处理干细胞以改变其特性,可用于各种疾病的治疗而造福人类。但从过去的研究结果看,其最适合的疾病主要是组织坏死性疾病如缺血引起的心肌坏死,退行性病变如帕金森综合征,自体免疫性疾病如胰岛素依赖型糖尿病等;同时,胚胎干细胞与基因定位整合技术相结合,对于研究基因在胚胎发育中的表达与功能,可以揭示以前不能在体内充分证明的分子调控机制也具有重要的作用。胚胎干细胞可以经过体外诱导,为人类提供各种组织类型的细胞,为药物筛选、鉴定及其毒理的研究提供便利,也有助于人类疾病细胞模型的建立及新药开发。总之,干细胞生物学的研究涉及了大多数生物医药领域。

12.1.2 干细胞的定义和分类

干细胞,简单来讲,它是一类具有多向分化潜能和自我复制能力的原始的未分化细胞,是形成哺乳类动物的各组织器官的原始细胞,即起源细胞。

在不同的分类原则下,可将干细胞分为不同类型。根据个体发育过程中出现的先后顺序不同,干细胞可分为胚胎干细胞和成体干细胞。

1) 胚胎干细胞
胚胎干细胞是一种高度未分化细胞,包括胚胎干细胞(ES)、胚胎生殖细胞(EG)。它具

有发育的全能性,能分化出成体动物的所有组织和器官,包括生殖细胞。

2)成体干细胞

成体干细胞是存在于成年动物的许多组织和器官,比如表皮和造血系统,具有修复和再生能力的细胞,包括神经干细胞(NSC)、血液干细胞(HSC)、骨髓间充质干细胞(MSC),表皮干细胞(ESC)。在特定条件下,成体干细胞或者产生新的干细胞,或者按一定的程序分化,形成新的功能细胞,从而使组织和器官保持生长和衰退的动态平衡。

按分化潜能的大小,干细胞可分为全能干细胞、多能干细胞和单能干细胞。

1)全能干细胞

全能干细胞具有形成完整个体的分化潜能。如胚胎干细胞,具有与早期胚胎细胞相似的形态特征和很强的分化能力,可以无限增殖并分化成为全身200多种细胞类型,进一步形成机体的所有组织、器官。如人类的全能干细胞可以分化成人体的各种细胞,这些分化出的细胞构成人体的各种组织和器官,最终发育成一个完整的人。

2)多能干细胞

多能干细胞具有分化出多种细胞组织的潜能,但却失去了发育成完整个体的能力,发育潜能受到一定的限制,如骨髓多能造血干细胞,它可分化出至少12种血细胞,但不能分化出造血系统以外的其他细胞。

3)单能干细胞(专能、偏能干细胞)

单能干细胞只能向一种类型或密切相关的两种类型的细胞分化,如上皮组织基底层的干细胞、肌肉中的成肌细胞。

12.1.3　干细胞的生物学特点

干细胞为圆形或椭圆形,体积较小,核质比相对较大。均具有较高的端粒酶活性。不同的干细胞具有不同的生化标志,有利于确定干细胞的位置,寻找、分离和鉴定干细胞。干细胞的生存环境可影响其形态和生化特征,因此不能仅根据干细胞的形态和生化特征来寻找干细胞。干细胞本身不是处于分化途径的终端,能无限地增殖分裂;可连续分裂几代,也可在较长时间内处于静止状态。干细胞通过两种方式生长,一种是对称分裂、形成两个相同的干细胞;另一种是非对称分裂,由于细胞质中的调节分化蛋白不均匀地分配,使得一个子细胞不可逆地走向分化的终端成为功能专一的分化细胞,另一个保持亲代的特征,仍作为干细胞保留下来;分化细胞的数目受分化前干细胞的数目和分裂次数控制。因此,具有增殖和自我更新能力以及在适当条件下表现出一定的分化潜能是干细胞的本质特征。

12.2　细胞分离纯化常用技术

体外培养的细胞源于人或动物体内或胚胎组织,其体内的细胞都是混杂生长,每一种组织都有血管和间叶组织,因此,来源于组织的原代细胞、传代细胞绝大多数都呈混合生长,既有上皮样细胞,又有纤维样细胞,纤维样细胞又包括成纤维细胞、肌细胞、骨细胞、滑膜细胞等,混杂的细胞会直接影响实验结果,而利用体外培养细胞进行实验研究时,为了保证实验结果的可靠性、一致性、稳定性和可重复性,要求采用单一种类细胞来进行实验,这样才能对某一细胞的功能、形态等变化进行一系列研究,因而细胞的分离纯化就成为实验研究的重要内容。

细胞的纯化一般分为两种,即自然纯化和人工纯化。可根据不同细胞种类、来源、实验要求和目的选择采用。

1)自然纯化

自然纯化即利用某一种类细胞的增殖优势,在长期传代过程中靠自然淘汰法,不断排挤其他生长慢的细胞,靠自然增殖的潜力,最后留下生长优势旺盛的细胞,以达到细胞纯化的目的。但这种方法常无法按照需要和实验要求及目的来选择细胞,此法花费时间长,留下来的往往是成纤维细胞。仅有那些恶变的肿瘤细胞或突变的细胞可以通过此方法而保留下来,不断纯化而建立细胞系。

2)人工纯化

人工纯化即利用人为手段造成某一细胞生长有利的环境条件,抑制其他细胞的生长从而达到纯化细胞的目的,主要包括利用细胞体积和密度分离纯化法,选择性细胞凝集分离纯化法,基于细胞不同黏附特性的分离纯化法,利用细胞表面标志物的分离纯化法。

12.2.1 利用细胞体积和密度分离纯化法

根据细胞大小和密度的差异,可以采用等差速离心和密度梯度离心对细胞进行分离纯化。

差速离心是指在密度均一的介质中由低速到高速的逐级离心技术,用于分离不同大小的细胞或细胞器。由于某些细胞或细胞器在大小和密度上相互重叠,而且某些慢沉降颗粒常常被快沉降颗粒裹到沉淀块中,一般重复 2~3 次效果会好一些。但连续的离心不可避免地会损伤细胞,尤其是沉在管底的细胞。这一方法一般只用于分离大小悬殊的细胞,更多用于分离细胞器。通过差速离心可将细胞或细胞器初步分离,常需进一步通过密度梯度离心再进行分离纯化。

密度梯度离心是指用一定的介质在离心管内形成一连续或不连续的密度梯度,将细胞混悬液或匀浆置于介质的顶部,通过离心力的作用使细胞分层、分离的离心技术。这类离心分离又可分为速度沉降和等密度沉降平衡两种。速度沉降主要用于分离密度相近而大小不等的细胞或细胞器,该法所采用的介质密度较低,介质的最大密度应小于被分离生物颗粒的最小密度,细胞或细胞器在十分平缓的密度梯度介质中按各自的沉降系数以不同的速度沉降而达到分离,适用于培养细胞的分离纯化。等密度沉降平衡适用于分离密度不等的细胞。细胞或细胞器在连续梯度的介质中经足够大的离心力和足够长时间则沉降或漂浮到与自身密度相等的介质处,并停留在那里达到平衡,从而可将不同密度的细胞或细胞器分离。这种方法适于分离细胞器,而不太适于分离和纯化细胞。

12.2.2 选择性细胞凝集分离纯化法

这一方法的原理主要是,人和动物组织中某些细胞需要有特殊的细胞因子存在的微环境

才能长期存活和生长繁殖,如在体外培养液中加入拟分离细胞的必须生长因子,此生长因子只能促进该细胞的增殖分化,其他细胞则被自然淘汰,从而在细胞传代后纯化得到单一的细胞成分,进而建立细胞系。如 IL-2 是 T 细胞生长所必需的细胞因子,体外培养中淋巴细胞若加入 IL-2 就可使 T 细胞生长繁殖,形成 IL-2 依赖的 T 细胞系,而其他细胞则被自然淘汰,采用此法还建立了 IL-6 依赖的细胞系,如 B9、CTD7 细胞株。

12.2.3　基于细胞不同黏附特性的分离纯化法

基于细胞不同黏附特性的分离纯化法主要有机械刮除法、酶消化法和反复贴壁法。

机械刮除法主要原理是在原代培养时,如果上皮细胞和成纤维细胞为分区成片混杂生长,每种细胞都以小片或区域性分布的方式生长在瓶壁上,可采用机械的方法去除不需要的细胞区域而保留需要的细胞区域。过程:将要纯化细胞的培养瓶在净化室内放在倒置显微镜监视下进行。用硅橡皮刮子在不需要生长的细胞区域推划,使细胞悬浮在培养液中,注意不要伤及所需细胞。推划后用培养液冲洗振摇 2 次并倒掉,即可将培养基加入原瓶继续培养。数日后如发现不需要的细胞又长出,可再进行上述操作,这样反复多次就可纯化细胞。

酶消化法是比较常用的纯化方法,不仅对贴壁细胞可行,对贴壁细胞与半贴壁及粘附细胞间的分离纯化也是十分有效的。利用上皮细胞和成纤维细胞对胰蛋白酶的耐受性不同,使两者分开,以达到纯化的目的,两者在胰蛋白酶的作用下,由于成纤维细胞先脱壁,而上皮细胞要消化相当长的时间才脱壁,特别是在原代细胞初次传代和早期传代中两种差别尤为明显,故可采用多次差别消化方法将上皮细胞和成纤维细胞分开。

反复贴壁法的主要依据是利用细胞在生长过程中的贴壁速度不同。如成纤维细胞与上皮细胞相比,其贴壁过程快,大部分细胞能在短时间内(10~30 min)完成附着过程(但不一定完全伸展),而大部分上皮细胞在短时间内不能附着或附着不稳定,稍加振荡即浮起,利用此差别可以纯化细胞。方法:将细胞悬液接种在一个培养瓶内(最好培养液内不含血清,此时上皮细胞贴壁更慢),静置 20 min。在倒置显微镜下观察,见部分细胞贴壁,稍加摇动也不浮起时,将细胞悬液倒入另一培养瓶中,继续静置培养 20 min,然后再重复上述操作后,即可将上皮细胞和成纤维细胞分隔开,在第 1 瓶和第 2 瓶以成纤维细胞为主,以后几瓶即以上皮细胞为主,下次传代时再按上述方法处理,就可使两者达到完全分开的目的。

12.2.4　利用细胞表面标志分离纯化细胞的方法

许多种细胞都可以通过其表面结合的某种特定的物质而被鉴定出来。只要细胞表面结合的已知物质能够被荧光染色剂或磁性小珠标记,或者与固体介质结合,这些细胞就能够从单细胞混合物中分离出来。

1)补体细胞毒分离法

采用特异性抗细胞表面标记的抗体,结合具有该表面标记的细胞,在补体的作用下,使具有该表面标记的细胞发生溶解,将其从混合细胞群体中去除。

2)免疫磁珠分离法

免疫磁性微珠主要用于细胞的分离和纯化,其基本原理及步骤是基于细胞表面抗原能与连接有磁珠的特异性单抗相结合,在外加磁场中,通过抗体与磁珠相连的细胞被吸附而滞留在磁场中,无该种表面抗原的细胞由于不能与连接着磁珠的特异性单抗结合而没有磁性,不能停留,从而达到纯化、分离的目的。通常有阳性分离和阴性分离两种方式。阳性分离是直接从细胞混合液中分离出靶细胞,阴性分离是利用磁珠去除无关细胞,使靶细胞得以分离。

免疫磁珠分离细胞方法简便,快速,无需特殊的设备,且分离纯度高,产率大,近年来已被广泛应用于人类各种细胞的分离,如 T 淋巴细胞、B 淋巴细胞、内皮细胞、造血祖细胞、单核/巨噬细胞及胰岛细胞、多种肿瘤细胞等。近年来,人们又开发出与生物素结合的单抗-亲和素/链霉亲和素-生物素结合的磁性微珠的实验方法,这种方法旨在利用生物素-亲和素间的高亲和力和生物放大作用来增强磁性微珠与细胞的结合力,从而提高细胞的分离效率。为了对细胞分离效果迅速进行分析,可将荧光素标记(如 FITC)标记在亲和素/链霉亲和素表面,使所分离的细胞在流式细胞仪(FCM)上立即得到测定分析,从而省去了免疫荧光染色的时间。

3) 荧光活化细胞拣选技术

荧光活化细胞筛选(fluorescence activated cell sorting, FACS),即流式细胞术,是一种对处在液流中的单个细胞或其他生物颗粒(如细菌)等进行快速定量分析和分选的技术,其原理如下:制备细胞悬液后, 将偶联了荧光染料的特异性抗体标记在细胞表面,再经过流式细胞计数仪使细胞悬液以微滴(每滴至多含有一个细胞)细流的形式通过激光束,带荧光标记的细胞获得的电荷与不带荧光标记细胞的电荷不同,然后通过强大电场将带电性质不同的细胞分别筛选到不同的容器从而达到高精度的分离。目前,这套装置能够根据 3~5 种参数进行细胞类型的识别,在有合适抗体和荧光染料的条件下每小时纯化的细胞可达 1×10^7 个,分离纯度达 95% 或更高。所以, 虽然 FACS 装置的价格昂贵,但是随着计算机功能的日趋完善及新的荧光物质的不断被发现,它已广泛应用于各个领域。

12.3 胚胎干细胞

胚胎干细胞(embryonicstemcell,ESCs,简称 ES 或 EK 细胞)是早期胚胎(原肠胚期之前)或原始性腺中分离出来的一类细胞,它具有体外培养无限增殖、自我更新和多向分化的特性。无论在体外还是体内环境,ES 细胞都能被诱导分化为机体几乎所有的细胞类型。胚胎干细胞研究在美国一直是一个颇具争议的领域,支持者认为这项研究有助于根治很多疑难杂症,是一种挽救生命的慈善行为,是科学进步的表现。而反对者则认为,进行胚胎干细胞研究就必须破坏胚胎,而胚胎是人尚未成形时在子宫的生命形式,具有伦理道德问题。

12.3.1 胚胎干细胞的分离

1) 普通分离方法

胚胎干细胞普通分离方法的步骤如下:

①将囊腔充分扩展的胚胎移到制备好的饲养单层上,换上胚胎干细胞培养液;或移至无饲养层但加有条件培养基的液滴内。

②继续培养。72 h 透明带自行脱落;48 h 后脱去饲养层的裸胚已经有内细胞团(ICM 细

胞)孵出,3~5天后将附着于培养瓶底的生长良好且未见分化的小鼠内细胞团用巴斯德吸管轻轻拨动使其与饲养层细胞分离,吸取内细胞团。

③在获得的内细胞团中加入适量的胰蛋白酶溶液消化处理,以含有胎牛血清的培养液终止消化,制成单细胞悬液,再分别移入新的饲养层细胞中或条件培养基中于37 ℃培养箱继续培养。

2)免疫外科法

胚胎干细胞免疫外科法的步骤如下:

①将囊胚腔充分扩展、内细胞团明显的胚胎移至0.5%链霉蛋白酶液滴内,作用约5 min或采用显微注射法或自然培养法去除其透明带。

②用兔抗鼠脾脏细胞抗体处理无透明带胚胎20~30 min。用PBS洗涤胚胎3次。

③用新鲜豚鼠血清(补体)处理胚胎,溶解滋胚层细胞。层细胞膨大,呈透明空泡状即终止处理。用PBS洗涤胚胎3次。将胚胎移回培养液滴内,培养24 h。重新用兔抗鼠抗体和豚鼠血清处理胚胎,弃除残余的滋胚层细胞。

④将弃除滋胚层细胞的内细胞团移至培养液滴内继续培养。48~120 h后细胞团进一步增大。余下的操作同普通分离方法的步骤。

12.3.2　胚胎干细胞的培养

体外培养胚胎干细胞的基本原则是,在促进胚胎干细胞增殖的同时,维持其未分化的二倍体状态,胚胎干细胞一旦分化即失去其全能性。目前,体外培养胚胎干细胞的方法归纳起来有饲养层培养法、无饲养层培养法和已建系的胚胎干细胞体外培养法3种。

1)胚胎干细胞有饲养层培养

①饲养单层细胞制备。饲养细胞要求每周制备一次,作为未分化胚胎干细胞的基底细胞,为避免其增殖超过胚胎干细胞,必须使其停止增殖制备成饲养单层。最常用的方法是加入丝裂霉素C抑制细胞的有丝分裂,使细胞停止生长又具有营养作用。在此以MEF(Mouse Embryonic Fibroblast,小鼠胚胎成纤维细胞)为例简单介绍制备过程:在生长良好的MEF细胞中加入新配制的含丝裂霉素C(10 μg/mL)的MEF生长培养基,37 ℃孵育2~5 h;同时将1 g/L明胶水溶液加入培养皿内,覆盖培养皿表面,在室温下静置2 h以上,使用前,吸弃多余的明胶水溶液,PBS洗涤1次;去掉培养基,10 mL PBS冲洗3次,完全除去丝裂霉素,加10 mL胰蛋白酶-EDTA溶液,在37 ℃条件下孵育5 min后加入MEF生长培养基,用吸管吹散细胞,并转移至15 mL离心管;离心收集细胞,计数细胞;将丝裂霉素处理的MEF细胞以$7.5×10^4$~$1×10^5$个/cm^2接种于明胶包被的培养皿中,37 ℃ 5%CO_2培养。待细胞贴壁后进行观察。若发现细胞过稀,需补加处理过的细胞,以保证细胞能连成一片而没有间隙。将制备的饲养单层放置在培养箱中备用。在5天内使用,使用前要更换成胚胎干细胞培养液。

②将分散的胚胎内细胞团小块吸至饲养层上。一孔放置一个内细胞团的细胞,在37 ℃ 5%CO_2,饱和湿度培养箱中培养。每天观察。2天后,见胚胎干细胞小集落出现;3~4天集落进一步增大;6~10天,可进行消化传代。

③消化时,弃培养液,用PBS洗涤1次。加入消化液,消化30 s后弃消化液,让残余的消化液继续作用。当饲养层细胞单层出现裂隙时,加入培养液终止消化,或在倒置显微镜下观

察,见细胞与细胞之间分开即加入培养液终止消化。

④添加适量的培养液,轻轻吹打,使其成单细胞悬液。接种到新的饲养层上进行扩大培养。

2) 胚胎干细胞无饲养层培养

①用 0.1%明胶水溶液包被培养板各孔。往培养孔内加入条件培养基,每孔 1 mL。

②将分散的胚胎内细胞团小块吸至培养孔内,一孔放置一个内细胞团的细胞。在 37 ℃ 5%CO_2,饱和湿度培养箱中培养。6~10 天,进行消化传代。单细胞悬液加入条件培养基进行扩大培养。

3) 已建系的胚胎干细胞体外培养

(1) 有饲养层培养

制备饲养单层,将已培养 2~3 天,生长旺盛的胚胎干细胞克隆消化成单细胞悬液。消化方法同前。添加胚胎干细胞培养液,以 1∶3~1∶6 比例转种到新的饲养单层上。在 37 ℃ 5% CO_2,饱和湿度培养箱中培养。

(2) 无饲养层培养

用明胶预先包被培养瓶,将已培养 2~3 天,生长旺盛的胚胎干细胞克隆消化成单细胞悬液。消化方法同前。添加胚胎干细胞培养液,以 1∶3~1∶6 比例转种到新用明胶预先处理过的培养瓶内。在 37 ℃ 5%CO_2,饱和湿度培养箱中培养。

12.3.3 胚胎干细胞的鉴定

经分离培养所得到的细胞是否是所需的胚胎干细胞,应当进行细胞学的鉴定,干细胞在形态上与一般的细胞区别并不明显,常用的方法有分化实验、生化特性、核型分析等检测手段。

1) 碱性磷酸酶的检测

如前所述,小鼠、大鼠的胚胎细胞均有碱性磷酸酶表达,因此碱性磷酸酶可以作为胚胎干细胞检测的生化指标。

将胚胎干细胞单细胞悬浮液种植到预先放置有盖玻片的培养皿内,经 24 h 培养后,弃上清,用 PBS 轻轻洗涤 1~2 次,再用 4~8 ℃冷丙酮固定 15 min,弃冷丙酮固定液,再用 PBS 洗涤 1 次,立即送检或放入-30 ℃下保存,检测时把标本放入作用液中处理 20 min,取出后用双蒸水清洗 3 次,再用甘油 PBS 封片。显微镜下检查,可见阳性细胞被染成棕色为胚胎干细胞。

作用液的配制:快绿 5 mg,双蒸水 0.08 mL,HCl(36%)0.02 mL,4% $NaNO_2$ 0.10 mL,萘酚 AS-TR 磷酸钠 10 mg,DMSO 0.5 mL,PBS(pH 为 8.6)5 mL,10% $MgCl_2$ 0.05 mL,以 1 mol NaOH 将 pH 调至 8.4。

2) 核型分析

核型分析是一种检测细胞的有效方法,通过对染色体形态数目的分析可以了解细胞的特征和生长状况,并与异常或畸形细胞相鉴别。

方法:取培养好的胚胎干细胞,加入胰蛋白酶消化处理制成单细胞悬浮液。加秋水仙素处理(最终浓度 0.08 μg/mL)2 h,弃去上清液,使细胞停止于分裂中期。用 0.075 mol/L 氯化

钾 37 ℃低渗处理 15 min 后低速离心。在沉淀中加入新配制的 3:1冰乙酸甲醇固定液处理 15 min,并注意间断震荡以使固定均匀。为了提高染色体的质量,细胞低渗处理后固定时间一定要充分,有助于除去中期分裂相中残存的蛋白质,使染色体更清晰,随后将固定好的细胞吹散制成干细胞悬液。取干净无油的载玻片保存于 4 ℃中备用,这样可使载玻片表面附上一层水膜,细胞悬液遇到载玻片上的冷水,染色体能迅速分散开。将细胞悬液滴于准备好的载玻片上,75 ℃烘烤 2 h。2.5 g/L胰蛋白酶消化 50 s 后加入 5% Giemsa 染色 5 min,冲洗除去残液,晾干后于油镜下观察,可分析 100 个细胞染色体,观察整倍体数目,计算出整倍体百分比,同时用图像分析仪进行染色体扫描。

3)胚胎干细胞分化检测实验

胚胎干细胞源于由囊胚中的内细胞团(ICM),具有多向分化的潜能,可以发育为多种细胞系,因此可以通过体内体外实验以及干细胞分化特性来对其进行检测。

(1)体内实验

收集胚胎干细胞,用注射器吸取干细胞悬液将胚胎干细胞接种于 BAIB/c 小鼠或 BAIB/c 裸小鼠腹股沟皮下。将接种细胞后的小鼠放回饲养。隔 3~4 天观察小鼠成瘤情况。待肿瘤长至 1 mm³ 大小处死小鼠,取出肿块,用 10%甲醛溶液固定,石蜡包埋,切片,HE 染色,光镜检查细胞分化情况。

(2)体外实验

体外实验应用较多,其基本过程是将培养好的胚胎干细胞悬浮液离心收集,用含葡萄糖的 DMEM 添加胎牛血清继续培养。将胚胎干细胞悬浮液接种培养于未经明胶处理的培养瓶内,注意每天摇晃培养瓶以防止细胞和克隆贴壁。几天后观察便可发现形成简单的类胚胎、随后出现典型的囊状胚胎,这时可将囊状小体取出,进行组织学检查鉴定。

(3)嵌合体实验(显微注射法)

嵌合体实验是验证胚胎干细胞全能性的重要实验,即胚胎干细胞与正常的胚胎联合。如能产生包括生殖器在内的各个组织器官,并且能产生功能性配子的嵌合体,即可证实分离得到的细胞是具有全能性的胚胎干细胞。一般采用显微注射法,即将胚胎干细胞注射到囊胚中,再将囊胚植入子宫内,使其发育为嵌合体,随后可根据观察新生小鼠的毛发颜色来进一步鉴定嵌合鼠。

(4)核移植实验

首先用灰色的小鼠品系进行雌雄交配,从母体的子宫内获得囊胚细胞,囊胚细胞可发育成胚胎,用极细的吸管取出内细胞团细胞的细胞核,并将其注射到刚受精的、但卵核与精核尚未融合的黑色小鼠的受精卵中,并将黑色小鼠受精卵原有的卵核和精核吸出,将处理过的受精卵体外培养到胚盘细胞期,再将它移植到母鼠的子宫内,让其继续发育,产生的新生小鼠必然会长出灰色的毛。

12.3.4 胚胎干细胞的诱导分化

胚胎干细胞是多能性干细胞,从理论上讲,它可分化为体内任何类型的细胞。正是因为其具有如此广泛的发育潜能,胚胎性干细胞才会备受世人的瞩目。胚胎干细胞的定向分化是指在适宜的条件下,胚胎干细胞将按照人们的意愿分化为某一特定谱系的细胞。目前全世界有很多实验室都在进行有关胚胎干细胞定向分化的研究。

胚胎性干细胞定向分化的常用策略有改变细胞的培养条件、导入外源性基因、体内定向分化3种。

1) 改变细胞的培养条件

改变细胞的培养条件是胚胎性干细胞进行定向分化的基本策略,其中方法之一是向培养基中添加生长因子、化学诱导剂等;之二是将胚胎干细胞与其他细胞一起进行培养,还有就是将细胞接种在适当的底物上,这些因素将促使胚胎干细胞中某些特定基因的表达上调或下降,从而引发细胞沿着某一特定谱系进行分化。

2) 导入外源性基因

胚胎性干细胞定向分化的另一种常用方法是导入外源性基因。若把在特定发育阶段中起决定作用的基因导入胚胎干细胞的基因组中,将会使胚胎干细胞准确地分化为某一特定类型的细胞。但在应用这一方法时,首先需要确定决定细胞向不同方向分化的关键基因是哪些,其次还要保证在适当时间将该基因导入 ES 细胞基因组的正确位置上。目前已有报道表明用这种方法可使胚胎性干细胞定向分化为神经细胞、肌肉细胞、胰腺细胞等。

3) 体内定向分化

体内定向分化是指将胚胎性干细胞移植到动物体内的不同部位,在不同的微环境中,这些胚胎干细胞多数将分化为该组织特异性的细胞。Deacon 等将小鼠 ES 细胞直接移植到帕金森病模型大鼠的纹状体中,这些细胞多数分化为多巴胺能神经元及 5-羟色胺能神经元,这些神经元的软突可以延伸到宿主的纹状体内,为受损神经元提供有功能的神经支配;除神经系统外,其他组织也存在类似的现象,如将小鼠 ES 细胞移植到小鼠心脏,这些细胞多数将分化为心肌细胞。

12.3.5 胚胎干细胞的应用前景及存在问题

胚胎干细胞研究的科学价值在于其诱人的应用前景。由于干细胞具有特定的分化潜能,表现其全能性、多能性和专能性,近几年干细胞已是目前细胞工程研究最活跃的领域,随着基础研究、应用研究的进一步深化,这项技术将会在相当大的程度上引发医学领域的重大变革,它已成为 21 世纪生命科学领域的一个热点,有可能在以下领域发挥着重要作用。

1) 揭示人及动物的发育机制及影响因素

生命最大的奥秘便是人是如何从一个细胞发展为复杂得不可思议的生物体的。人胚胎细胞系的建立及人胚胎干细胞研究,可以帮助我们理解人类发育过程中的复杂事件,使人深刻认识数十年来困扰着胚胎学家的一些基本问题,促进对人胚胎发育细节的基础研究。

2) 药学研究方面

胚胎干细胞系可分化为多种细胞类型,又是能在培养基中不断自我更新的细胞来源。它发展为胚体后的生物系统,可模拟体内细胞与组织间复杂的相互作用,这在药物研究领域具有广泛的用途。胚胎干细胞有望在短期内就能体现的优势在于药物筛选,并在候选药物对各种细胞的药理作用和毒性试验中,胚胎干细胞提供了对新药的药理、药效、毒理及药代等研究的细胞水平的研究手段,大大减少了药物检测所需动物的数量,降低了成本。另外,由于胚胎干细胞类似于早期的胚胎细胞,它们有可能用来揭示哪些药物对胎儿发育有干扰和引起出生缺陷。人胚胎干细胞还可以用于其他用途。由于这类细胞本质上可以无限量地产生人体细

胞,它们对旨在发现稀有人蛋白的研究计划理应有用。国际上许多制药公司、学者都瞄准了这一重要的研究领域。

3)细胞替代治疗和基因治疗的载体

胚胎干细胞最诱人的前景和用途是生产组织和细胞以用于"细胞疗法",为细胞移植提供无免疫原性的材料。任何涉及丧失正常细胞的疾病,都可以通过移植由胚胎干细胞分化而来的特异组织细胞来治疗。如用神经细胞治疗神经退行性疾病(帕金森病、亨廷顿舞蹈症、阿尔茨海默病等),用胰岛细胞治疗糖尿病,用心肌细胞修复坏死的心肌等。

胚胎干细胞还是基因治疗最理想的靶细胞。这里的基因治疗是指用遗传改造过的人体细胞直接移植或输入病人体内,达到控制和治愈疾病的目的。这种遗传改造包括纠正病人体内存在的基因突变,或使所需基因信息传递到某些特定类型细胞。

当然,干细胞技术的最理想阶段是希望在体外进行"器官克隆"以供病人移植。如果这一设想能够实现,将是人类医学中一项划时代的成就,它将使器官培养工业化,解决供体器官来源不足的问题;使器官供应专一化,提供病人特异性器官。人体中的任何器官和组织一旦出现问题,可像更换损坏的零件一样随意更换和修理。

胚胎干细胞虽然有其诱人的应用前景,但实际临床应用还有很长的路要走,仍有很多问题需要解决,具体问题有下面几个方面:用于干细胞研究的胚胎来源困难;如何保持胚胎干细胞的全能性并控制向特别类型细胞转化;如何分离、纯化干细胞,分化后的细胞是否有致瘤性;干细胞在体外发育成完整的器官尚难以做到;分化细胞移植仍有可能发生免疫排斥;伦理方面尚存在问题等。

12.4　成体干细胞

成体干细胞是指存在于一种已经分化组织中的未分化细胞,这种细胞能够自我更新并且能够特化形成组成该类型组织的细胞。成体干细胞存在于机体的各种组织器官中。成年个体组织中的成体干细胞在正常情况下大多处于休眠状态,在病理状态或在外因诱导下可以表现出不同程度的再生和更新能力。

在特定条件下,成体干细胞或者产生新的干细胞,或者按一定的程序分化,形成新的功能细胞,从而使组织和器官保持生长和衰退的动态平衡。过去认为成体干细胞主要包括上皮干细胞和造血干细胞。最近研究表明,以往认为不能再生的神经组织仍然包含神经干细胞,说明成体干细胞普遍存在,问题是如何寻找和分离各种组织特异性干细胞。成体干细胞经常位于特定的微环境中,微环境中的间质细胞能够产生一系列生长因子或配体,与干细胞相互作用,以控制干细胞的更新和分化。

12.4.1　间充质干细胞

间充质干细胞(mesenchymal stem cells, MSC),是一种具有自我复制能力和多向分化潜能的成体干细胞,为成纤维细胞样,呈旋涡状贴壁生长,在适宜的诱导条件下,能够发育成硬骨、软骨、脂肪和其他类型的细胞。间充质干细胞可以接受移植,而它们会成长为何种类型的细胞取决于其被注入的部位。例如,被注入心脏的间充质干细胞能够形成健康的新组织。

　　间充质干细胞具有多向分化潜能、能支持造血和促进造血干细胞植入、调节免疫以及分离培养操作简便等特点,临床上主要用于治疗机体无法自然修复的组织细胞和器官损伤的多种难治性疾病,或者作为免疫调节细胞,治疗免疫排斥和自身免疫性疾病。美国 FDA 已批准了近 60 项临床试验,中国也已开始用间充质干细胞治疗临床上一些难治性疾病,如脊髓损伤、脑瘫、肌萎缩侧索硬化症、系统性红斑狼疮、系统性硬化症、克隆氏病、中风、糖尿病、糖尿病足、肝硬化等,根据初步的临床报告,间充质干细胞对这些疾病的治疗都取得明显的疗效。

12.4.2　造血干细胞

　　造血干细胞是指尚未发育成熟的细胞,是所有造血细胞和免疫细胞的起源,是体内各种血细胞的唯一来源,因此是多功能干细胞,医学上称其为"万用细胞",也是人体的始祖细胞。干细胞是具有自我复制和多向分化潜能的原始细胞,是机体的起源细胞,是形成人体各种组织器官的祖宗细胞。一般造血干细胞来源于骨髓造血干细胞、外周血造血干细胞、脐带血造血干细胞和胎盘来源造血干细胞 4 个渠道,也有在肌肉组织中发现造血潜能的干细胞的报道。中国造血干细胞捐献者资料库(中华骨髓库)负责全国造血干细胞的捐献工作。

　　造血干细胞有两个重要特征:其一,高度的自我更新或自我复制能力;其二,可分化成所有类型的血细胞。造血干细胞采用不对称的分裂方式:由一个细胞分裂为两个细胞。其中一个细胞仍然保持干细胞的一切生物特性,从而保持身体内干细胞数量相对稳定,这就是干细胞自我更新。而另一个则进一步增殖分化为各类血细胞、前体细胞和成熟血细胞,释放到外周血中,执行各自任务,直至衰老死亡,这一过程是不停地进行着的。利用造血干细胞的这些特性,已经利用骨髓移植技术治疗恶性血液病、部分恶性肿瘤、部分遗传性疾病等 75 种致死性疾病。

12.4.3　成体干细胞的应用前景和存在的问题

　　成体干细胞分化的多向性、存在的普遍性、迁徙性和对微环境的依赖性等特征,表明了成体干细胞在某种程度上具有的通用性,其应用研究是再生医学的一个重要组成部分,是很多疾病可供选择的治疗手段。应用成体干细胞可以治疗的疾病包括血液病、肿瘤、自身免疫性疾病、器官功能衰竭和损伤性疾病等。应用骨髓移植治疗血液病、神经干细胞移植治疗帕金森病开创了干细胞移植治疗的先河。用于治疗类风湿病、系统性红斑狼疮、硬皮病等,短期疗效是肯定的。自身免疫性疾病属于干细胞疾病范畴,脊髓索受伤、肝硬化、中风、老年性痴呆症等和某些器官特异性自身免疫性疾病如重症肌无力、1 型糖尿病、Graves 病等同样可应用成体干细胞移植治疗和基因治疗手段使疾病获得痊愈或得到改善。肿瘤的发生与干细胞密切相关,并且肿瘤在某些特征上与干细胞相类似(如肿瘤的永生性生长和肿瘤干细胞的存在),其中在肿瘤中占很小比例的肿瘤干细胞驱动着肿瘤发生、发展以及远处转移,因此针对肿瘤干细胞的特异性治疗方案,将会彻底地治愈肿瘤。除此之外,成体干细胞与基因治疗结合应用,可以将基因修饰的细胞与成体干细胞融合,再植入自体组织中进行修复治疗,将扩大治疗范围,提高治疗效果。

　　目前,成体干细胞应用中的主要存在问题是来源困难。其原因主要是成体干细胞在体外传代中端粒酶活性会很快下降,导致其不能在体外大量扩增。因此,扩增成体干细胞以提供充足的移植细胞,是应用这一技术的关键。而且,在急性损伤时,体内干细胞增生往往是不足

和缓慢的,如脑出血、心肌梗死、重症肝炎等。因此,如何动员和促进体内干细胞或输入外源性干细胞发挥再生修复作用,也是亟待解决的问题。

12.5　诱导性多潜能干细胞

诱导性多潜能干细胞(induced pluripotent stem cells, iPS cells)是指通过基因重新编排的方法,"诱导"普通细胞回到最原始的胚胎发育状态,能够像胚胎干细胞一样进行分化,这样的细胞就称为"iPS"。iPS细胞是2006年由日本Yamanaka研究小组命名的,他们把经过多重筛选的Oct-4、Sox2、Klf4及c-Myc 4个基因通过逆转录病毒介导转入鼠的成纤维细胞,并将其重新编程,结果得到了类似胚胎干细胞(ES)的具有多分化潜能的干细胞,并将该类干细胞命名为iPS细胞,此类细胞在克隆形态、生长特性、表面标志物、基因表达模式、表观遗传学特征、拟胚体形成、畸胎瘤形成和嵌合体形成(针对小鼠)等方面与ES细胞非常相似,但其不需要损毁胚胎,因而避免了阻碍ES研究发展的伦理道德问题,而且由于具有个体来源的特异性,这就不涉及免疫排斥,所以具有广泛而且重要的基础研究和临床应用价值。这一发现分别被*Nature*和*Science*杂志评为2007年第一和第二大科学进展。

12.5.1　iPS细胞的建立

目前,iPS细胞的建立方法如图12.1所示,简言之:分离和培养宿主细胞;通过病毒(逆转录病毒、慢病毒或腺病毒)介导的方式将外源基因导入宿主细胞;将病毒感染后的细胞种植于饲养层细胞上,并于ES细胞专用培养体系中培养,同时在培养液中根据需要加入相应的小分子物质以促进重编程;数天后,出现ES克隆样的克隆;在细胞形态、基因表达谱、表观遗传学、畸胎瘤形成和体外分化等方面对这些克隆进行鉴定。

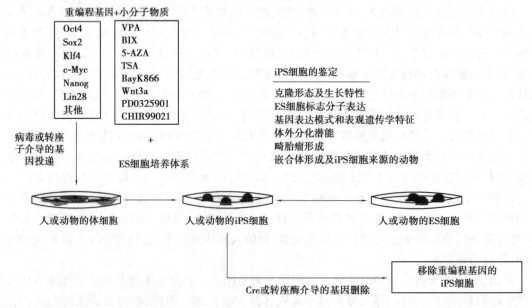

图12.1　体细胞重编为iPS细胞的流程示意图

12.5.2　iPS 技术的改进

目前对于 iPS 的相关研究已经成为一个热点,世界上众多实验室都在从各个角度探讨其机制和应用,并且多方验证了建立 iPS 细胞的可重复性,相关的技术改进更是层出不穷。

首先是诱导因子的改进,不同学者分别用药物筛选及诱导方法证实,Oct3/4、Sox2、Klf4 和 c-Myc 4 个基因的部分作用可以由其他诱导或筛选因子代替,并在体外将宿主细胞诱导分化成为神经干细胞、心肌细胞、生殖细胞,从而避开了 c-Myc、Klf4 高表达导致肿瘤的可能性。研究者们也尝试了其他各种类型生物分子的诱导方法,证实可以通过导入 microRNA 诱导、直接导入再编程蛋白诱导、体外人工合成并修饰的 mRNA 高效诱导、转座重编程诱导等方法诱导了 iPS 细胞的生成。

其次是诱导方法的改进和安全性的提高。由于最初采用的反转录病毒有随机掺入宿主基因组的特点,因此从应用安全性角度考虑,研究者们改变了多种基因转染的方法,并分别取得了成功。证实可以通过腺病毒载体转入基因,从而避免病毒基因掺入;可以通过多西珍志(强力霉素)(doxycycline)诱导表达载体前病毒,构建转基因小鼠及细胞模型,使得 iPS 细胞的研究简化成通过单一药物诱导即可获得 iPS 细胞,从而使诱导过程实验背景大为简化,为机制研究以及诱导基因类似物的小分子化合物的筛选建立了模型。

再次就是诱导效率的提高和速度的加快。通常 iPS 细胞的产生需要 30 天左右,而其诱导效率较低。通过导入小分子复合物 DNA 转甲基酶和组蛋白乙酰转移酶抑制剂,可以将 iPS 细胞诱导效率提高 100 倍。有学者通过改进反转录病毒载体系统,诱导人包皮角质细胞,将诱导效率提高 100 倍以上,诱导速度增加 1 倍。

12.5.3　iPS 细胞的应用前景和尚待解决的问题

iPS 细胞研究的应用前景主要是移植治疗,将来在组织工程学领域中以 iPS 细胞作为种子细胞,可为临床上细胞、组织或器官的移植治疗提供大量的材料。通过控制 iPS 细胞培养环境、转染能够促进 iPS 细胞定向分化的关键基因等体外诱导分化策略,可获得特异性的组织细胞类型。这类细胞用于移植治疗,将给糖尿病、帕金森病、脊髓损伤、白血病、心肌损伤、肾衰竭、肝硬化等疾病的治疗带来新的希望。目前已有多项研究报道对 iPS 细胞应用基础研究进行了尝试。2007 年,Hanna 等首次将人类镰状细胞性贫血的小鼠成纤维细胞重编程为 iPS 细胞,通过同源重组技术将 iPS 细胞中异常 DNA 序列进行纠正后,获得正常基因型的 iPS 细胞,进一步体外培养将 iPS 细胞诱导为造血干细胞,移植后可治疗动物模型的镰状细胞性贫血,以及帕金森病患者和脊髓性肌萎缩症患者特异性 iPS 细胞的获得和进一步诱导分化,这些研究数据对 iPS 细胞在遗传疾病治疗方面具有重要的指导意义。

虽然前景广阔,但在获得安全、高效、实用、有临床应用价值的治疗型 iPS 细胞之前,还面临许多问题、亟待突破的瓶颈和需要深入研究的领域:解析诱导体细胞重编程为 iPS 细胞的分子机制;研究 iPS 细胞生物学特性和行为;提高 iPS 细胞制备效率;充分评价 iPS 细胞临床应用的安全性;探索一条简便制备"个体特异的"或"疾病特异的"治疗型 iPS 细胞的技术路线和方法等。

本章小结

干细胞,即未分化的细胞,是一类具有多向分化潜能和自我复制能力的原始细胞。机体的细胞、组织和器官都是通过干细胞分化发育成的。根据细胞的来源,可将干细胞分为胚胎干细胞和成体干细胞;根据其分化潜能的宽窄,可将干细胞分为全能干细胞、多能干细胞和单能干细胞。

细胞的分离纯化方法一般分为两种,即自然纯化和人工纯化。自然纯化是细胞在长期传代过程中的自然淘汰法。人工纯化包括利用细胞体积和密度分离纯化法、选择性细胞凝集分离纯化法、基于细胞不同粘附特性的分离纯化法和利用细胞表面标志物的分离纯化法4种,可根据不同细胞种类、来源、实验要求和目的选择不同的细胞纯化方法。

胚胎干细胞是一种高度未分化细胞,具有发育的全能性,能分化出成体动物的所有组织和器官,目前已成为国际研究的热点。胚胎干细胞的分离方法有普通分离法和免疫外科分离法。体外培养的干细胞可通过碱性磷酸酶的检测、核型分析以及体内外分化、嵌合体、核移植等分化实验进行检测。体外培养的胚胎干细胞可通过改变培养条件、导入外源基因以及体内定向分化方法诱导其定向分化成各种细胞。胚胎干细胞的分离及体外培养的成功,将给人类带来医学革命,并已在细胞疗法、组织修复和基因治疗等方面展示出诱人的前景。

成体干细胞是指存在于一种已经分化组织中的未分化细胞,这种细胞能够自我更新并且能够特化形成组成该类型组织的细胞。主要有间充质干细胞和造血干细胞。应用成体干细胞可以治疗血液病、肿瘤、自身免疫性疾病、器官功能衰竭和损伤性疾病等。但成体干细胞的来源困难是其在应用中的主要问题。

诱导性多能干细胞(iPS)是指通过基因重新编排方法,"诱导"普通细胞回到最原始的胚胎发育状态,形成能够像胚胎干细胞一样进行分化样的细胞。建立 iPS 细胞的主要步骤有分离和培养宿主细胞、外源基因导入宿主细胞、促进重编程、克隆形成和克隆鉴定5 个步骤。iPS 细胞研究的应用前景主要是移植治疗,可为临床上细胞、组织或器官的移植治疗提供大量的用材,将给糖尿病、帕金森病、脊髓损伤、白血病、心肌损伤、肾衰竭、肝硬化等疾病的治疗带来新的希望。目前 iPS 细胞诱导因子的改进、诱导方法的改进和安全性的提高以及诱导效率的提高和速度的加快是研究该领域的热点与难点。

复习思考题

1. 简述干细胞的定义和分类。

2. 何谓胚胎干细胞? 其有哪些生物学特征?

3. 体外培养胚胎干细胞的原则是什么? 有哪些培养方法?

4. 简述饲养层细胞制备、胚胎干细胞的分离过程及其鉴定方法。

5. 简述体外培养的胚胎干细胞定向分化的策略和方法。

第 13 章

实 训

实训 1　器械的清洗与消毒

【实训目的】

1.了解各种洗涤液的特性。

2.掌握酸液的配制方法和细胞培养使用的器皿、器械的洗涤和消毒。

【实训原理】

由于细胞培养过程中器皿的重复利用,特别是培养基中有机物质及培养组织分泌物的附着,影响再次培养,导致实验结果发生误差,甚至使培养细胞受到毒害。同时,一些新制玻璃器皿,部分地存在碱性游离物,从而影响到实验结果的准确性。因此,新的或重新使用的器皿都必须认真清洗,使其达到不留任何残留物的要求。因不同培养器皿的材料、结构、使用方法不同,清洗的方法也不同。

【试剂与主要用品】

1.仪器用具:毛刷、塑料盆、天平、量筒、烧杯、洗耳球、洗刷装置(全自动洗涤机)、高压灭菌器、耐酸手套、玻璃棒、需洗涤器皿等。

2.试剂:肥皂粉、洗衣粉、去污粉、洗洁精、重铬酸钾、浓硫酸、蒸馏水、纯乙醇或95%的乙醇等。

【操作步骤】

(一)清洗

1)玻璃器皿的洗涤(酸洗)

玻璃器皿的洗涤一般要经过浸泡、刷洗、浸酸和清洗4个步骤。

(1)浸泡

新的或用过的玻璃器皿都需要先用清水浸泡,以软化和溶解附着物。新购置的玻璃器皿含有游离碱,应先用自来水简单冲洗,再用1%~5% HCl浸泡过夜;用过的玻璃器皿往往附着有大量有机物质及培养组织的分泌物,干涸后不易涮洗掉,故用后应立即浸入清水中以备刷洗;被杂菌污染的培养瓶或培养皿等玻璃器皿,应先高压灭菌20 min,倒掉污染的培养基后,再浸入清水中浸泡以备刷洗。

(2)刷洗

将浸泡后的玻璃器皿放入肥皂液或洗衣粉液中,用毛刷反复刷洗,刷洗中要不留死角,并防止破坏玻璃表面的光洁度。将刷洗过的玻璃器皿冲洗干净、晾干,准备浸酸。

(3)浸酸

将上述玻璃器皿浸泡到重铬酸钾洗涤液(又称酸液)中,通过酸液的强氧化作用清除器皿表面残留的物质。根据洗涤液中含硫酸的比例,将洗涤液分为强酸、次强酸和弱酸3种。根据需要配制洗涤液,洗涤液对玻璃无腐蚀作用,去污效果好。重铬酸钾洗涤液的配方,见表13.1。

表 13.1　重铬酸钾洗涤液的配方

成　分	强　液	中　液	弱　液
重铬酸钾/g	63	120	100
硫酸/mL	1 000	200	100
蒸馏水/mL	200	200	1 000

配制重铬酸钾洗涤液时,操作者必须小心认真,戴耐酸手套和防护眼镜,并严格按下列方法进行:

①按配方称量好重铬酸钾和蒸馏水,然后将重铬酸钾完全溶于蒸馏水中(可加热)。

②按配方把工业用浓硫酸缓慢(以产热很少为宜)加入冷却的①中,边加边搅拌。

③自然冷却、备用。洗涤液为强氧化剂,去污力强,可以洗去玻璃器皿或瓷质器皿上的有机物,切不可洗涤金属器皿。配制、盛装洗涤液的容器应防酸、耐热、有较大的开口,一般用瓷缸、玻璃制品或耐酸塑料制品。洗涤液在使用过程中和使用后都应保持密闭,防止氧化变质。新配制的洗涤液呈棕红色,当使用时间过久,洗涤液的颜色变暗、发绿或浑浊时,应弃去(深埋地下),重新配制新的洗涤液。

一般来说,新的和用过的玻璃器皿都应浸酸,那些无法用毛刷刷洗的用品(如吸管、滴管等)更要靠浸酸去除污物。浸酸时,器皿应完全被洗涤液充满和覆盖。浸酸时间不少于6 h,一般要过夜或更长时间。将器皿放入洗涤液时,应小心操作,防止伤及皮肤、眼睛或衣服。从洗涤液中取出器皿时,应沥干洗涤液,并将浸酸的器皿放入合适的容器中,如塑料盆中运输。

(4)冲洗

刷洗和浸酸后的器皿都必须用水充分冲洗,浸酸后器皿是否冲洗得干净,直接影响到组织培养的成败。冲洗可用洗涤装置,也可手工操作。手工洗涤浸酸后的器皿时,每件器皿都至少要重复"注满水—倒空"15次以上,最后用蒸馏水浸洗2~3次,晾干或烘干后包装备用。

载玻片与盖玻片的洗涤:先用流水冲洗,再将其浸入含有1%~2%盐酸的95%乙醇液中浸泡6~12 h,流水冲洗后再浸入加了1~2滴氨水的80%乙醇中1 h,取出后用绸布擦干,保存在载玻片盒或培养皿中备用。

2)橡胶制品的清洗

新购置的橡胶制品(如胶管、胶塞、橡皮乳头等)的洗涤方法:0.5 mol/L NaOH 煮沸15 min→流水冲洗→0.5 mol/L HCl 煮沸15 min→流水冲洗→自来水煮沸2次→蒸馏水煮沸20 min→50 ℃烘干备用。用过胶塞的洗涤方法基本同玻璃器皿,但胶塞洗刷的重点部位是胶塞使用面,应逐个刷洗。

3)塑料制品的清洗

塑料制品的特点:质地软,易出现划痕;耐腐蚀能力强,但不耐热。其清洗程序:使用器皿后立即用流水冲洗→浸于自来水中过夜→用纱布或棉签蘸50 ℃洗涤液的刷洗→流水冲洗→晾干→浸于洗涤液中15 min→流水冲洗15~20 遍→蒸馏水浸洗3 次→晾干备用。

4)金属器械的清洗

新购置的金属器械常涂有防锈油,先用蘸有汽油的纱布擦去油脂,再用水洗净,最后用酒精棉球擦拭,晾干。用过的金属器械先用清水煮沸消毒,再擦拭干净,使用前以蒸馏水煮沸10 min,或包装好以101.3 kPa 高压灭菌15 min。

5)除菌滤器的清洁

用过的滤器将滤膜去除,用三蒸水充分洗净残余液体,置于干燥箱中烘干备用。

(二)包装

包装的目的是防止消毒灭菌后再次被污染。经清洗烤干或晾干的器材,应严格包装后再进行消毒灭菌处理。包装材料常用牛皮纸、硫酸纸、专用包装纸棉布、铝饭盒、玻璃或金属制吸管筒、纸绳、胶皮套等。包装分为全包装和局部包装,全包装适于较小的培养瓶(皿)、吸管、注射器、金属器械和胶塞等。

(三)消毒灭菌

1)干热灭菌

玻璃器皿,160~170 ℃ 90~120 min,或180 ℃ 45~60 min。

2)高压蒸气灭菌

用于玻璃器皿、滤器、橡胶塞、解剖用具、耐热塑料器具、受热不变性的溶液等。不同物品的有效灭菌压力和时间不同。通常培养用液、橡胶制品、塑料器皿等用65 kPa(115 ℃)高压灭菌10 min,布类、玻璃制品、金属器械等用101.3 kPa(121 ℃)高压灭菌15~25 min。

3)紫外线

紫外线的波长为200~300 nm,最强为254 nm,高度2.5 m 以下,湿度45%~60%,杆菌效果好,球菌次之,霉菌和酵母菌最差,实验前应不低于30 min 的照射时间。

4)化学消毒

采用化学药品来杀死微生物。常用的有消毒酒精、升汞、甲醛等。

【结果与讨论】

1.各种培养容器、器皿洗涤方法有何不同?

2.请分析不同的消毒灭菌方法分别适合什么物品和场所。

实训 2 细胞培养液的配制
（母液的配制、培养基的制备与灭菌）

【实训目的】

1. 学会植物组织培养基母液的配制。
2. 掌握培养基的制备与灭菌。

【实训原理】

植物培养基是植物离体培养组织或细胞赖以生存的营养基质，是为离体培养材料提供近似活体生存的营养环境，主要包括水、大量元素、微量元素、铁盐、有机复合物、糖、凝固剂和植物生长调节物质。

在配制培养基前，为了使用方便和用量准确，常常将培养基成分首先配制成比实际培养基浓度大若干倍的母液，然后在配制培养基时，再根据所需浓度按比例稀释。本实训以 MS 培养基为例，学习培养基母液的配制、培养基的制备和灭菌。

【试剂与主要用品】

1. 仪器用具：分析天平（感量 0.01 g 和 0.000 1 g）、药匙、玻璃棒、称量纸、吸水纸、滴管、洗瓶、标签纸、烧杯（50、100、200 mL）、容量瓶（100、200、500、1 000 mL）、试剂瓶（100、200、500、1 000 mL）、量杯、量筒、移液管、洗耳球、电炉等。

2. 试剂：95% 乙醇、1 mol/L NaOH、1 mol/L HCl；MS 培养基各成分试剂；植物生长调节剂（2,4-D、6-BA、IAA、NAA 等）；洗涤剂。

【操作步骤】

（一）母液配制

1）大量元素母液的配制

按照培养基配方的用量，把各种化合物扩大 10 倍，按照表 13.2 中的次序分别准确称量后，分别用 50 mL 烧杯，加入蒸馏水 30 mL 溶解（可加热至 60~70 ℃，促其溶解）。溶解后，按顺序倒入一大烧杯中（烧杯中事先加入约 50 mL 的蒸馏水，目的是避免由于盐浓度过高而使钙离子与磷酸根离子、硫酸根离子形成不溶于水的沉淀），注意最后加入氯化钙溶液，混匀，用 250 mL 容量瓶定容。将配制好的母液倒入试剂瓶中，贴好标签，保存于 4 ℃冰箱中待用。

2）微量元素母液的配制

按照培养基配方的用量，将微量元素各种化合物（除去铁盐）扩大 100 倍，见表 13.3，用感量为 0.000 1 g 分析天平分别准确称取，可以混合溶解，最后定容。将配制好的母液倒入试剂瓶中，贴好标签，于 4 ℃保存。

表 13.2　MS 培养基大量元素母液(10 倍)的配制剂量

母液	化合物名称	培养基用量/ (mg·L⁻¹)	扩大 倍数	称取量 /mg	母液体积/ mL	1 L 培养基吸取 母液量/mL
大量元素	KNO₃	1 900		4 750		
	NH₄NO₃	1 650		4 125		
	MgSO₄·7H₂O	370	10	925	250	100
	KH₂PO₄	170		425		
	CaCl₂·2H₂O	440		1 100		

表 13.3　MS 培养基微量元素母液(100 倍)的配制剂量

母液	化合物名称	培养基用量/ (mg·L⁻¹)	扩大 倍数	称取量 /mg	母液体积/ mL	1 L 培养基吸取 母液量/mL
微量元素	MnSO₄·4H₂O	22.3		223		
	ZnSO₄·7H₂O	8.6		86		
	H₃BO₃	6.2		62		
	KI	0.83	100	8.3	100	10
	Na₂MoO₄·2H₂O	0.25		2.5		
	CuSO₄·5H₂O	0.025		10 mL *		
	CoCl₂·6H₂O	0.025		10 mL * *		

3)铁盐母液的配制

常用的铁盐是 FeSO₄·7H₂O 和 Na₂-EDTA 的螯合物,必须单独配成母液。配制时,按照扩大后的用量,见表 13.4,分别称取 FeSO₄·7H₂O 和 Na₂-EDTA 并分别溶解后,将 FeSO₄ 溶液缓缓倒入 Na₂-EDTA 溶液(需加热溶解),搅拌均匀使其充分螯合,定容后贮放于棕色玻璃瓶内,并保存于冰箱中。

表 13.4　MS 培养基铁盐母液(100 倍)的配制剂量

母液	化合物名称	培养基用量/ (mg·L⁻¹)	扩大 倍数	称取量 /mg	母液体积/ mL	1 L 培养基吸取 母液量/mL
铁盐	Na₂-EDTA	37.3	100	373	100	10
	FeSO₄·7H₂O	27.8		278		

4)有机物母液的配制

按照表 13.5 中各成分浓度扩大后的用量,用感量为 0.000 1 g 分析天平分别称量各有机物。可以分别溶解定容并分别装入试剂瓶中,也可以混合溶解定容,装入同一试剂瓶中,写好标签,放入冰箱中保存。一般有机物都溶于水,但叶酸则先用少量稀氨水或 1 mol/L NaOH 溶液溶解;维生素 H 先用 1 mol/L NaOH 溶液溶解;维生素 A、维生素 D₃、维生素 B₁₂ 应先用 95%

乙醇溶解,然后再用蒸馏水定容。

表 13.5　MS 培养基有机物母液(100 倍)的配制剂量

母液	有机物名称	培养基用量/(mg·L^{-1})	扩大倍数	称取量/mg	母液体积/mL	1 L 培养基吸取母液量/mL
有机物	甘氨酸	2.0	100	20	100	10
	VB$_1$	0.4		4		
	VB$_6$	0.5		5		
	烟酸	0.5		5		
	肌醇	100		1 000		

注:表中各成分的扩大倍数与称取量仅是举例,可以根据实际需要而确定扩大倍数以及计算实际称取量。

5)激素母液的配制

激素母液必须分别配制,浓度根据培养基配方的需要量灵活确定,一般为 0.1~2 mg/mL,根据需要确定配制的浓度。称量激素要用感量为 0.000 1 g 分析天平。配制激素母液时应注意,各激素的溶剂不同,具体见表 13.6。

表 13.6　植物组织培养中常用植物激素及生长调节物质的溶剂

中文名	缩 写	溶 剂
2,4-二氯苯氧乙酸	2,4-D	NaOH/乙醇
吲哚乙酸	IAA	NaOH/乙醇
吲哚丁酸	IBA	NaOH/乙醇
α-萘乙酸	α-NAA	NaOH/乙醇
6-苄基氨基腺嘌呤	6-BA	NaOH/HCl
腺嘌呤	Ade	H$_2$O
激动素	KT	HCl/NaOH
玉米素	ZT	NaOH
赤霉素	GA	乙醇
脱落酸	ABA	NaOH

注:称取 10 mg NAA 溶解后定容至 100 mL,即得到 0.1 mg/mL NAA 贮备液。

称取 100 mg 6-BA 溶解后定容至 100 mL,即得到 1 mg/mL 6-BA 贮备液。

6)在配制母液时注意事项

①培养基各试剂应使用分析纯。

②在称量时应防止药品间的污染,药匙、称量纸不能混用,每种试剂使用一把药匙,多出的试剂原则上不能再倒回原试剂瓶。

③母液配制好后,贴上标签,写清母液名称、试剂浓度或扩大倍数、配制日期,并存放在 4 ℃冰箱中。使用前,要进行检查,若发现试剂中有絮状沉淀、或长菌或铁盐母液的颜色变为棕褐色,都不应再使用。

(二)植物组织 MS 培养基的配制

1)计算母液使用量

略。

2)配制

用量筒量取 870 mL[870 mL＝1 000 mL－100 mL(大量元素母液)－10 mL(微量元素母液)－10 mL(铁盐母液)－10 mL(有机物母液)]蒸馏水加入烧杯,称取琼脂 7 g、蔗糖 20 g,加入烧杯,在电炉上加热、煮沸,使琼脂熔化。等琼脂完全熔化后,加入上述各种母液。

3)激素母液添加

计算不同激素母液的需要量,加入培养基中。

4)pH 调节

待温度降至 50~60 ℃时,用 1 mol/L NaOH 溶液或 1 mol/L HCl 溶液调 pH 值至 5.8,注意用玻璃棒不断搅动,用 pH 试纸或酸度计测试 pH。调节中,若加 1 滴 1 mol/L HCl 或 NaOH 溶液,pH 改变量出现超过需要值的现象,应改用低浓度 HCl 或 NaOH 溶液(如 0.1 mol/L 调节 pH)。

5)分装

搅匀培养基并迅速分装在 100 mL 的三角瓶中(温度低于 40 ℃以下琼脂就会凝固),每瓶 25 mL 左右,1 000 mL 培养基可以分装至 40~50 瓶,迅速扎好瓶口,写上标记。

配制好的培养基需要进行高压灭菌后,方可使用。

【结果与讨论】

观察培养基制备过程中出现的现象并加以解释。

实训3　培养材料取材与无菌培养技术

【实训目的】

1.掌握植物组织培养的无菌操作技术。

2.培养学生无菌操作意识。

【试剂与主要用品】

1.仪器用具:超净工作台、接种工具、酒精灯、小型喷雾器、瓶刷、无菌纸或无菌培养皿、马铃薯试管苗。

2.试剂:MS 培养基、2%新洁尔灭、70%酒精、2%来苏尔、甲醛、高锰酸钾。

【操作步骤】

具体操作步骤如下:

①操作人员进入接种室前必须用肥皂洗手。在缓冲间更换已消毒的工作服、帽子、口罩、拖鞋后方可进入接种室。

②打开接种室和超净工作台上的紫外灯,照射 20~30 min。

③操作前 10 min 使超净工作台处于工作状态,让过滤空气吹拂工作台面和台壁四周。

④用 70%酒精喷雾室内和超净工作台降尘,并消毒双手和擦洗工作台面。

⑤操作中使用的各种接种工具如镊子、剪刀、支架、解剖刀等放入 95%酒精中浸泡,在酒精灯上灼烧灭菌,然后放置在器械架上冷却。

⑥用 70%酒精擦洗培养瓶瓶壁、瓶盖。

⑦左手拿培养瓶,右手轻轻取下瓶口包扎物或瓶盖,用火焰对瓶口进行灼烧灭菌。然后用镊子轻轻将瓶内培养材料取出,在无菌不锈钢盘上进行分割或切段。

⑧将切割后的材料用镊子轻轻接种在培养基中(注意材料生物学上下端),再用火焰对瓶口进行灼烧灭菌,盖上瓶盖或包扎好封口薄膜。

⑨接种完毕后,用记号笔在瓶壁上注明植物名称、接种日期等信息,以免混淆。

⑩实训结束后将工作台清理干净,并关闭超净工作台。

【结果与讨论】

1.观察接种材料的生长情况,并做好记录。

2.计算污染率,并分析污染原因。

实训4　愈伤组织的诱导

【实训目的】

学习诱导植物外植体愈伤组织的方法。

【实训原理】

植物外植体材料在离体条件下,细胞经脱分化等一系列过程,改变了它们原有的特性继而转变形成一种能迅速增殖的为特定结构和功能的薄壁细胞团,即愈伤组织。在实践中,能否成功诱导出愈伤组织是细胞和组织培养的一个重要问题。影响愈伤组织诱导的因素较多,诸如植物的基因型、培养基的类型、外源激素的种类和浓度、培养条件等。

【试剂与主要用品】

1.仪器用具:超净工作台、灭菌锅、显微镜、解剖刀、镊子、烧杯、三角瓶、培养皿、移液管、新鲜胡萝卜。

2.试剂:培养基(MS 培养基+1.0 mg/L 2,4-D+0.5 mg/L KT,pH 为 5.7)、70%乙醇、0.1%氯化汞溶液。

【操作步骤】

具体操作步骤如下:

①将胡萝卜用自来水冲洗干净,用刀片刮去表皮 1~2 mm,横切成大约 10 mm 厚度的切片。以下步骤全部在超净工作台内进行。

②胡萝卜经70%乙醇处理几秒后,用无菌水冲洗一遍,再用0.1%氯化汞溶液消毒 10 min,接着用无菌水冲洗 3~4 次。

③将胡萝卜片放入垫有无菌滤纸的培养皿中,一手用镊子固定胡萝卜片,一手用消毒好的解剖刀沿截面横切成厚度为 1 mm 左右的圆片,然后将圆片的韧皮部和木质部切去,留下形成层,再切成长 3 mm、宽 1.5 mm、高 1 mm 的小块。

④将切好的小块接种在配置好的 MS 培养基上,室温培养 3~4 周,即可诱导出愈伤组织。继代培养时,将老的和生长不良的愈伤组织去掉,将大的生长状态良好的愈伤组织切成小块,接种于 1.0 mg/L 2,4-D 的 MS 培养基上继续培养。

⑤诱导和继代培养均在黑暗条件下进行,培养温度为 25 ℃,继代培养频率为 3~4 周更换一次培养基,观察并记录继代过程中愈伤组织状态的变化。

【结果与讨论】

1.统计污染率。

2.统计诱导率。

实训 5 植物细胞悬浮培养及种细胞筛选技术

【实训目的】

1.学习植物细胞悬浮培养方法。
2.掌握常规筛选种细胞的方法。

【实训原理】

植物悬浮培养将植物单细胞或小细胞团在液体培养基中于摇床上振荡,振荡过程中细胞直接的连接被打断,使增殖细胞脱落下来。此外,悬浮培养处于理化环境均一的液体培养基中,有害物质不易积累,可以获得快速增殖的、分散性好、均一的小细胞团。悬浮培养应增加细胞与培养液的接触面,改善营养供应,并适当改善气体交换。

【试剂与主要用品】

1.仪器用具:超净工作台、摇床、高压灭菌锅、无菌刻度吸管(10 mL)、pH 酸度计、无菌枪形镊、手动吸管泵、实训 4 诱导出来的愈伤组织。
2.试剂:MS 培养基(液体,含 1.0 mg/L 2,4-D,pH 为 5.7)。

【操作步骤】

具体操作步骤如下:
①愈伤组织的诱导。见实训 4。
②挑选分散性好、致密、鲜黄色或乳白色、生长旺盛的愈伤组织,放入配制好的液体培养基中,用镊子轻轻夹碎愈伤组织,掌握好力度不致损伤愈伤组织。每瓶接入约 2 g 愈伤组织,置于转速为 100 r/min,25 ℃,无光照条件下振荡培养。
③用手动吸管泵吸取已建立的细胞小颗粒悬液,吸出培养液,保留 2 mL 压缩体积的细胞,转至 25 mL/瓶新鲜培养液中,培养条件同步骤②。最初几代要勤换培养液,以防止褐化,一般 3 天左右更换一次新鲜培养液,2 周后即可恢复正常的继代频率,每 7 天左右更换一次培养液。每次继代,用宽口吸管或一定孔径的细胞筛来选择细胞团,留下生长旺盛的小细胞团,弃去大的细胞团。

【结果与讨论】

1.讨论挑取愈伤组织时应注意的事项。
2.应该采用什么方法来判断细胞生长状况?

实训6　鸡胚成纤维细胞原代分离培养

【实训目的】

1.掌握鸡胚成纤维细胞的分离与培养方法。

2.掌握细胞计数的方法。

【实训原理】

细胞培养分原代培养和传代培养。原代培养是由体内取出组织,经消化酶(常用胰蛋白酶和胶原酶)、螯合剂(常用EDTA)或机械方法处理,将其分散成单细胞,置于合适的培养基中培养,使细胞得以生存、生长和繁殖。原代培养细胞离体时间短,遗传性状和体内细胞相似,适于做细胞形态、功能和分化等研究。原代培养细胞移动性较强,细胞分裂不旺盛,存在异质性细胞。

所有组织中都有一定量的细胞间质(纤维和基质等),对细胞生长有妨碍作用,用胰蛋白酶消化能去除间质,使组织松散成单个细胞或小细胞团,易于细胞生长。

【试剂与主要用品】

1.仪器用具:照蛋灯与蛋座、碘酊棉球与酒精棉球、大剪子、眼科剪、小镊子、平皿、细菌瓶、吸管、吸球、细胞瓶、9~12日龄鸡胚。

2.试剂:0.25%胰酶、DMEM培养液、生长液(含10%犊牛血清、200 U/mL青霉素、200 μg/mL链霉素的DMEM液)。

【操作步骤】

具体操作步骤如下:

①取9~12日龄鸡蛋用新洁尔灭消毒10 min后,大头朝上置于操作台内。依次用碘酊和酒精消毒气室部。去除气室部卵壳和壳膜,穿破绒毛尿囊膜,夹住鸡胚颈部,取出鸡胚放于灭菌平皿中。

②用眼科剪、小镊子去除鸡胚头、四肢及内脏,用无血清的DMEM冲洗2次。

③将冲洗后的鸡胚用剪子充分剪碎,使其近于乳糜状。

④将剪碎的组织块倒入细菌瓶中,加入5 mL无血清DMEM,振摇几次,静置几分钟,吸弃洗液。如此重复1次。

⑤加5 mL胰酶,在37 ℃水浴中消化20~30 min,其间需不时摇动,使细胞消化完全(组织块变松散,沉降渐变缓慢时即表示消化足够)。

⑥消化好后,取出瓶子,静置几分钟,吸去胰蛋白酶液。

⑦加DMEM生长液5 mL,轻轻摇动几次后,静置几分钟吸去。如此重复1次。

⑧加入生长液 5 mL,以粗口吸管吹吸数次,使细胞脱落分散,静置几分钟,使未消化好的组织块下沉。

⑨轻轻吸取上层细胞悬液于细胞培养瓶中,每瓶 0.2~0.5 mL,补加 DMEM 生长液至 10 mL,使细胞量为 $(4~6)×10^5$ 个/mL,盖上盖子,置于 37 ℃ CO_2 恒温箱中培养。细胞贴壁后延展成长梭形,培养 7~10 天后即可长成致密单层细胞。

⑩细胞计数方法。取细胞悬液(0.5+2)mL 0.1%结晶紫—枸橼酸(0.1 mol/L)溶液,室温或 37 ℃温箱中 5~10 min,充分振荡后进行计数。按白细胞计数法计算 4 角 4 个大方格内的细胞总数(N)。

每毫升悬液中的细胞数(n)= N/4×10 000×K(稀释倍数)

【结果与讨论】

1.记录每天观察细胞生长情况和培养液颜色变化。

2.鸡胚原代细胞培养时应注意哪些问题?

实训 7 小鼠胚胎成纤维细胞的原代培养

【实训目的】

1.掌握小鼠成纤维细胞原代培养的方法和步骤。

2.熟悉培养细胞的观察方法。

3.了解体外培养成纤维细胞的基本形态。

【实训原理】

细胞培养分原代培养和传代培养。原代培养是由体内取出组织,经消化酶(常用胰蛋白酶和胶原酶)、螯合剂(常用 EDTA)或机械方法处理,将其分散成单细胞,置于合适的培养基中培养,使细胞得以生存、生长和繁殖。原代培养细胞离体时间短,遗传性状和体内细胞相似,适于做细胞形态、功能和分化等研究。原代培养细胞移动性较强,细胞分裂不旺盛,存在异质性细胞。

所有组织中都有一定量的细胞间质(纤维和基质等),对细胞生长有妨碍作用,用胰蛋白酶消化能去除间质,使组织松散成单个细胞或小细胞团,易于细胞生长。

【试剂与主要用品】

1.仪器用具:超净工作台、二氧化碳培养箱、水平吊桶离心机、倒置相差显微镜、实体解剖显微镜、水浴锅(37 ℃)、无菌培养皿、移液枪、无菌吸头、无菌 15 mL 离心管、眼科剪刀、眼科镊、废液缸、计时器、血细胞计数板、记号笔、妊娠 13~15 天孕鼠。

2.试剂:DMEM 高糖培养基、新生牛血清、200 mmol/L 谷氨酰胺、100×双抗浓储液、0.25% 胰蛋白酶、75%乙醇、PBS 缓冲液。

【操作步骤】

具体操作步骤如下:

①紫外线照射细胞培养室和超净工作台至少 30 min 灭菌。进入细胞培养室之前,洗净双手并用75%乙醇消毒,换上消毒衣帽鞋。

②配制生长培养基:在 50 mL 离心管中配制 40 mL 完全生长培养基,添加 10%新生牛血清、谷氨酰胺(终浓度为 2 mmol/L)、青霉素和链霉素(终浓度为 100 U/mL 和 100 μg/mL)。

③取孕鼠颈椎脱臼法处死,在细胞培养室外,用 75%乙醇浸没 1~3 min。

④从消毒乙醇中取出孕鼠,移入细胞培养室操作台上,腹面朝上放于无菌培养皿上,解开皮肤层、肌肉层,打开腹腔,将连接在子宫上的组织及脂肪剪去,取出子宫,放入一个新的含冷 PBS 的培养皿中,移至超净工作台。

⑤用剪刀打开子宫壁,取出胚胎,将胚胎外的胞膜小心去除,进一步去除胎头和各种内脏。

⑥将胚胎再移入一个新的培养皿中,用 PBS 洗 3 次,去除 PBS,用弯头虹膜剪将胚胎剪成 1~3 mm^2 大小组织块,加入 PBS 清洗至溶液基本无色。

⑦将组织块再移入一个新的培养皿中,加入 PBS,静置 1 min 左右,待组织块沉降下来后,吸去 PBS。加入 0.25%胰蛋白酶溶液,体积约为组织块的 2 倍,室温下消化 5~10 min,期间用移液器轻轻吹打 2 次,会在倒置显微镜下发现大量细胞释放出来。

⑧加入等体积的含血清的培养基终止消化,用移液器轻轻吹打 5~10 次,使更多单细胞释放出来。将上部溶液转入 15 mL 离心管中静置数分钟,将上清移到一个新离心管中,弃掉剩余组织块。

⑨800~1 000 r/min 离心收集有细胞悬液的离心管 5 min,去除上清,加入培养液 1~2 mL(视细胞量),血细胞计数板计数。

⑩将细胞调整到 56×10^5 个/mL 左右,转移至新的培养瓶中,加入 3~5 mL 完全培养基,转入二氧化碳培养箱中培养。

【结果与讨论】

每日在倒置显微镜下观察细胞生长状况。

实训 8　MDCK 细胞(犬肾细胞)的传代培养

【实训目的】

学习动物细胞的传代培养法。

【实训原理】

细胞培养分原代和传代培养。当细胞在培养瓶中长满后就需要将其稀释分种成多瓶,细胞才能继续生长,这一过程称为传代。传代培养可获得大量细胞供实验所需。

【试剂与主要用品】

1.仪器用具:CO_2 培养箱、倒置显微镜、超净台、培养瓶、试管、移液管、巴斯德吸管、废液缸、75%酒精棉球、酒精灯、细胞。

2.试剂:MEM 细胞生长液[500 mL MEM 液+5 mL 双抗(青霉素+链霉素)+5 mL L-谷氨酰胺+7.5 mL 碳酸氢钠+50 mL 小牛血清]、90%MEM 液、1%双抗、1% L-谷氨酰胺、1.5%碳酸氢钠、10%小牛血清、0.25%EDTA 胰酶(从冰箱取出后放入培养箱中待用)、Hanks 液。

【操作步骤】

具体操作步骤如下:

①进入无菌室之前用肥皂洗手,用75%酒精擦拭消毒双手。

②倒置显微镜下观察细胞形态,确定细胞是否需要传代及细胞需要稀释的倍数。将培养用液置37 ℃下预热。

③超净台台面应整洁,用75%酒精溶液擦净。

④打开超净台的紫外灯照射台面 20 min 左右,关闭超净台的紫外灯,打开抽风机清洁空气。

⑤点燃酒精灯,取出无菌试管,刻度吸管;安上橡皮头;插在无菌试管内。

⑥打开细胞培养瓶,过酒精灯火焰后斜置于酒精灯旁的架子上。

⑦倒掉培养细胞的旧培养基。酌情可用 2~3 mL Hanks 液洗去残留的旧培养基,或用少量胰酶涮洗一下。

⑧加入胰酶消化液,盖好瓶盖后在倒置显微镜下观察,当细胞收回突起变圆时立即翻转培养瓶,使细胞脱离胰酶,然后将胰酶倒掉。注意勿使细胞提早脱落入消化液。

⑨加入少量的新鲜培养基,反复吹打消化好的细胞使其脱壁并分散,再根据分传瓶数补加一定量的含血清的新鲜培养基(大瓶 7~10 mL,小瓶 3~5 mL)制成细胞悬液,分装到新培养瓶中。盖上瓶盖,适度拧紧后再稍回转,以利于 CO_2 气体的进入,将培养瓶放回 CO_2 培养箱。

⑩对悬浮培养细胞,步骤⑦~⑨不做。可将细胞悬液进行离心去除旧培养基上清,加入

新鲜培养基,然后分装到各瓶中。

【结果与讨论】

1.试述传代培养的步骤和注意事项,并指出关键步骤。
2.细胞传代培养的目的是什么?

<h1 style="text-align:center">实训 9 MDCK 细胞的冷冻与复苏</h1>

【实训目的】

了解体外培养细胞冻存、复苏的基本操作方法。

【实训原理】

细胞在长期传代过程中,可能会出现微生物污染或突变等情况,导致优良基因丢失。为防止这些细胞的丢失,可将细胞快速冷冻并保存在非常低的温度下。但是,当温度低于0 ℃时,细胞内外的水分会结冰,导致细胞膜和细胞器受到严重损伤。因此要维持冷冻和复苏过程中细胞的存活率,必须在冷冻液中加入冷冻保护剂。常用的冷冻保护剂有二甲基亚砜(DMSO)和甘油,其中二甲基亚砜因为其对细胞具有良好的保护性和较低的毒副作用而成为首选。在冷冻和复苏过程中影响细胞存活率的因素主要是保护剂浓度和温度下降速率,实际操作中二甲基亚砜的浓度通常为5%～10%,一般来说,冷冻过程中温度必须缓慢下降,尽可能减少细胞内冰晶的形成;在复苏过程中对细胞产生伤害的原因主要是解冻过程所形成的局部渗透压波动,通常采用的方法是快速解冻。

【试剂与主要用品】

1.仪器用具:程序降温仪、超净工作台、离心机、液氮罐、冻存管(无菌)、离心管、方瓶、移液管、培养基等。

2.试剂:冻存液(10%DMSO+10%小牛血清+80%培养液)。

【操作步骤】

具体操作步骤如下:

1)冷冻过程

①准备好分散良好的 MDCK 细胞悬浮液并用台盼蓝染色计数。

②离心并将 MDCK 细胞重新悬浮在冻存液中,使细胞密度达到活细胞 $6×10^6$/mL。

③将 MDCK 细胞分装在冻存管中,每支 1 mL,旋紧冻存管盖子。

④静置 30 min,使冻存液和细胞内的 DMSO 浓度达到平衡。

⑤将冻存管置于程序降温仪内,设置降温速率 1 ℃/min,-40 ℃后 5 ℃/min,降温至-100 ℃停止。

⑥将冻存管置于液氮罐(-196 ℃),长期保存。

⑦在记录本上做好冻存记录,记录内容包括冻存日期、细胞名、冻存管数、冻存过程中降温的情况、冻存位置以及操作人员。

2) 复苏过程

①准备好玻璃方瓶、移液管、离心管(无菌)、新鲜培养基等。

②将冻存管从液氮罐中取出,立即置于 37 ℃水浴中,直至冻存管内 MDCK 细胞悬浮液完全融解,此过程为 1~2 min。

③在超净工作台内将冻存管内 MDCK 细胞悬浮液移至离心管,加入 10 mL 新鲜培养基,离心(5 min 1 500 r/min);倒掉上清液,将 MDCK 细胞重新悬浮于 10 mL 新鲜培养基中,移至玻璃方瓶,置于二氧化碳培养箱。

④24 h 后,经培养瓶从二氧化碳培养箱取出,洗掉培养液,加入 2 mL PBS,轻轻摇晃,吸出,重复一次,加入新鲜培养液,送回二氧化碳培养箱继续培养。

⑤用倒置显微镜检查细胞存活率及细胞密度,若细胞密度过高,应及时传代。

【结果与讨论】

进行细胞冻存时,为什么选择对数生长期的细胞?

实训 10　磷酸钙沉淀法介导细胞转染

【实训目的】

1.了解细胞转染技术原理和基本方法。
2.磷酸钙沉淀法的基本技术要点。

【实训原理】

磷酸钙沉淀法是基于磷酸钙-DNA复合物的一种将DNA导入真核细胞的转染方法,磷酸钙被认为有利于促进外源DNA与靶细胞表面的结合。磷酸钙-DNA复合物黏附到细胞膜并通过胞饮作用进入靶细胞,被转染的DNA可以整合到靶细胞的染色体中从而产生有不同基因型和表型的稳定克隆。这种方法首先由Graham和Van der Ebb使用,后由Wigler修改而成。可广泛用于转染许多不同类型的细胞,不但适用于短暂表达,也可生成稳定的转化产物。

【试剂与主要用品】

1.仪器用具:37 ℃,5% CO_2 培养箱、100 mm组织培养平板、15 mL锥形管。

2.试剂:2×HEPES缓冲盐水[(HEPES,pH为6.95~7.05):50.0 mmol/L HEPES、280 mmol/L NaCl、10 mmol/L KCl、1.5 mmol/L葡萄糖,用0.5 mmol/L NaOH调pH至6.95~7.05,过滤除菌后,(−20 ℃保存备用)];2.5 mol/L $CaCl_2$ 过滤除菌(20 ℃保存备用);磷酸缓冲盐液(PBS);完全培养液(根据所用的细胞系而定);呈指数生长的真核细胞(如HeLa、BALB/c 3T3、NIH 3T3、CHO或鼠胚胎成纤维细胞);CsCl纯化的质粒DNA(10~50 μg/次转染,二次纯化)。

【操作步骤】

具体操作步骤如下:

①传代细胞准备。细胞在转染24 h传代,待细胞密度达50%~60%满底时,即可进行转染。加入沉淀前3~4 h,用9 mL完全培养液培养细胞。

②DNA沉淀液的准备。首先将质粒DNA用乙醇沉淀(10~50 μg/10 cm平板),空气中晾干沉淀,将DNA沉淀重悬于50 μL无菌水中,加50 μL 2.5 mol/L $CaCl_2$。

③用巴斯德吸管在500 μL 2×HEPES中逐滴加入DNA-$CaCl_2$溶液,同时用另一吸管吹打溶液,直至DNA-$CaCl_2$溶液滴完,整个过程需缓慢进行,至少需持续1~2 min。

④室温静置30 min,出现细小颗粒沉淀。

⑤将沉淀逐滴均匀加入10 cm平板中,轻轻晃动。

⑥在标准生长条件下培养细胞4~16 h。除去培养液,用5 mL 1×HEPES洗细胞2次,加入10 mL完全培养液培养细胞。

⑦收集细胞或分入培养皿中选择培养。

⑧6~7 天后挑选阳性克隆。

【结果与讨论】

完成磷酸钙转染细胞的操作步骤、转染结果及分析。

参考文献

[1] 崔凯荣,戴若兰.植物体细胞胚发生的分子生物学[M].北京:科学出版社,2000.

[2] 李志勇.细胞工程学[M].2 版.北京:高等教育出版社,2019.

[3] 林顺权.植物细胞工程[M].厦门:厦门大学出版社,2000.

[4] 潘瑞炽.植物组织培养[M].广州:广东高等教育出版社,2000.

[5] 王蒂.细胞工程学[M].北京:中国农业出版社,2003.

[6] 周维燕.植物细胞工程原理与技术[M].北京:中国农业大学出版社,2001.

[7] 庞俊兰.细胞工程[M].北京:高等教育出版社,2007.

[8] 殷红.细胞工程[M].2 版.北京:化学工业出版社,2013.